王　磊
国小伟　|主　编|

孙振水
张晓峰　|副主编|

# 青岛市城市黑臭水体治理的实践探索

化学工业出版社

·北京·

# 内 容 简 介

《青岛市城市黑臭水体治理的实践探索》从五个方面总结了青岛市城市黑臭水体治理经验：一是从国家黑臭水体治理的发展历程和建设背景入手，依据青岛市自然特征、发展问题等现状，分析了新时代背景下青岛市城市黑臭水体治理面临的挑战；二是建立了长效的黑臭水体治理推进机制，总结了系统统筹、组织领导、制度保障、管控监测、公众参与、技术支撑等各方面的推进模式；三是阐明了青岛市城市黑臭水体治理目标和思路，从整体到分流域多层次剖析了青岛黑臭水体治理的系统化方案；四是从生态、社会、经济效益等多方面展示了青岛黑臭水体治理成效，总结归纳了青岛市城市黑臭水体治理的"四个示范"；五是提供了河道生态修复、消除管网空白区、管网修复与混错接改造、污水厂再生利用、源头海绵城市建设等不同类型城市黑臭水体治理的典型实践案例，为同类型城市的黑臭水体治理提供参考。

《青岛市城市黑臭水体治理的实践探索》可作为市政工程设计部门的管理人员和工程技术人员、环境工程领域的管理和工程技术人员的参考书，也可供对城市水体治理有兴趣的人员参考阅读。

**图书在版编目 (CIP) 数据**

青岛市城市黑臭水体治理的实践探索 / 王磊，国小伟主编；孙振水，张晓峰副主编 .—北京：化学工业出版社，2023.6

ISBN 978-7-122-43148-6

Ⅰ.①青… Ⅱ.①王… ②国… ③孙… ④张… Ⅲ.①城市污水处理－研究－青岛 Ⅳ.① X52

中国国家版本馆 CIP 数据核字 (2023) 第 054253 号

---

责任编辑：刘俊之 汪 靓 　　　　　　　装帧设计：韩 飞
责任校对：边 涛

---

出版发行：化学工业出版社（北京市东城区青年湖南街13号　邮政编码100011）
印　　装：北京捷迅佳彩印刷有限公司
787mm×1092mm 1/16　印张$13\frac{1}{2}$　字数197千字　　2023年7月北京第1版第1次印刷

---

购书咨询：010-64518888　　　　　　　　售后服务：010-64518899
网　　址：http://www.cip.com.cn
凡购买本书，如有缺损质量问题，本社销售中心负责调换。

---

定　　价：148.00元

# 前言

　　城市黑臭水体治理既是提升城市品质的重要举措，又是顺应广大市民期盼、惠普民生福祉的民生工程。党中央、国务院高度重视城市黑臭水体治理工作，将城市黑臭水体治理攻坚战作为污染防治攻坚战的七大标志性战役，青岛市有幸成为国家第一批黑臭水体治理示范城市之一，开启了全民治水新局面，进一步打响了城市黑臭水体整治的攻坚战。

　　青岛市城市黑臭水体治理注重系统治理、源头治理、精准治理，本书主要从以下五个方面总结了青岛市城市黑臭水体治理经验：一是从国家黑臭水体治理的发展历程和建设背景入手，依据青岛市自然特征、发展问题等现状，分析了新时代背景下青岛市城市黑臭水体治理面临的挑战；二是建立了长效的黑臭水体治理推进机制，总结了系统统筹、组织领导、制度保障、管控监测、公众参与、技术支撑等各方面的推进模式；三是阐明了青岛市城市黑臭水体治理目标和思路，从整体到分流域多层次剖析了青岛黑臭水体治理的系统化方案；四是从生态、社会、经济效益等多方面展示了青岛黑臭水体治理成效，总结归纳了青岛市城市黑臭水体治理的"四个示范"；五是提供了河道生态修复、消除管网空白区、管网修复与混错接改造、污水厂再生利用、源头海绵城市建设等不同类型城市黑臭水体治理的典型实践案例，为同类型城市的黑臭水体治理提供参考。

为总结青岛市城市黑臭水体治理工作，为国家黑臭水体治理提供"青岛智慧"，我们编撰了《青岛市城市黑臭水体治理的实践探索》一书。在此书出版之际，我们谨向住房和城乡建设部、生态环境部的关心和支持表示感谢！向山东省住房和城乡建设厅、山东省生态环境厅的指导和帮助表示感谢！向青岛市住房和城乡建设局、青岛市生态环境局、青岛市城市管理局、李沧区城市建设管理局、市北区城市管理局、崂山区城市管理局、西海岸新区城市管理局、市南区城市管理局、城阳区住房和城乡建设管理局、即墨区住房和城乡建设局、胶州市城乡建设局、平度市水利水产局、莱西市住房和城乡建设局表示感谢，向一直以来大力支持和帮助青岛市城市黑臭水体治理工作的国家黑臭水体治理专家指导委员会的专家、学者表示感谢！向参与青岛市城市黑臭水体治理的工程技术人员、施工人员、管理人员等建设者表示敬意！特别致谢化学工业出版社及本书编写人员为本书的编写、编辑、出版付出的辛苦和努力。

本书内容难免存在疏漏和不足，请读者提出宝贵意见。

编者

2022年10月

# ◇ 目 录 ◇

**3**

青岛黑臭水体治理的技术路径

# 1 青岛黑臭水体治理的时代背景

# 1.1 城市黑臭水体治理的背景和发展

　　山因水而灵秀，城因水而妩媚。防治水污染，保护水生态环境，打好碧水保卫战，是生态文明建设的重要组成部分，而城市黑臭水体是"群众身边的污染"，是公众反映强烈的环境问题之一。全国生态环境保护大会上提出的目标是："基本消灭城市黑臭水体，还给老百姓清水绿岸、鱼翔浅底的景象"，打好城市黑臭水体治理攻坚战，是民之所望，政之所向。

## 1.1.1 城市黑臭水体治理的背景

　　水是人类的生命之源，是人类生存和生产生活不可或缺的组成部分。水以不同的水体类型、以千姿百态的形式融合在我们日常生活的各个角落。在城市建设过程中，既要引水，又要防洪排涝，同时还要增添城市发展需要的景观、居民休闲场所等重要功能。

　　然而，随着近年来我国社会经济飞速发展，现代化的生活质量

图 1-1

**城市黑臭水体严重影响居民生活环境**

（资料来源：生态环境部网站）

不断提高，人们却逐渐忽视了河流、湖泊、湿地、沼泽等天然水体的重要性，特别是城市内部和城市边缘的河湖水体成为城市开发扩张的受害者，大量河湖或被城市建设用地侵占，或接纳了过多的污染物，水体的周边环境越来越差，水体自净能力也逐步丧失，最终变成了"又黑又臭"的城市黑臭水体，严重地影响了城市的人居环境。

2016年，住房和城乡建设部、生态环境部（原环境保护部）联合对我国的全国黑臭水体进行了排查，排查结果显示，截至2016年底，全国有220个地级及以上城市排查确认黑臭水体2026个，也就是说，全国超过七成的城市存在黑臭水体。而且，越是经济发达的地区和城市，黑臭水体的问题就越是严重，排查发现在全国的直辖市、省会城市、计划单列市中共存在黑臭水体638个，占到了全国黑臭水体总数的近三分之一。

城市黑臭水体已经成为城市居民身边最突出的生态环境问题之一，要想改善城市环境，为老百姓创造一个高品质的生活居住环境，加大城市黑臭水体的治理、修复城市生态环境成为了摆在城市规划、设计、建设和管理者面前的一场硬仗。

## 1.1.2　城市黑臭水体治理的发展历程

从20世纪90年代开始，日益严重的城市水环境污染问题就引起了全国各地群众的关注和各级政府的重视，不少城市花巨资对存在黑臭现象的河湖水体进行了大规模的整治工作。然而，由于当时的技术存在局限性，对水体生态系统的复杂性缺乏深入研究，建设和管理部门也缺乏河湖整治经验，因此早期的水体保护与管理工作还沿用传统的建设观念，黑臭水体治理多以底泥清淤、河岸河底硬化等方式，始终是治标不治本，导致虽然花费了大量的人力、物力和财力，但是大多数水体的治理效果仍旧是"好三年、坏三年"，始终不能实现长治久清。

2001年，北京市政府决定将西直门内外长度约3700m的转河由暗沟恢复原貌，在其设计文件中提出了"尊重历史，传统与现代共存；以人为本，提供沟通与交流的平台；恢复生物多样性，回归

(a)转河位置图
(b)设计总平面图
(c)–(e)建成后照片

**图 1-2**
北京转河治理方案及
建成后效果图

自然；以亲水为目的，与城市相协调的景观设计；保护水质，扩大水面"的内容，成为我国早期生态治河的典范。

2006年起，评价河湖水质的Ⅰ～Ⅴ类提法逐步深入人心，国家层面和各省市开展了一系列河道整治的指南、评价标准、验收办法等相关政策制度建立和技术标准体系的建设工作，配套技术文件的出台、相关的理论研究成果为支持我国进一步推动黑臭水体治理系统化提供了技术保障。

近年来，各地政府将坚决打好"污染防治攻坚战"作为全面建成小康社会决胜期的关键任务，将城市黑臭水体治理作为打好污染防治攻坚战的七大战役之一，并且明确提出了要"基本消灭城市黑臭水体，还给老百姓清水绿岸、鱼翔浅底的景象"。为切实加大水污染防治力度，解决部分地区水环境质量差、水生态受损重等问题，党中央、国务院研究出台了一系列政策，积极推动我国黑臭水体的治理工作。

2015年4月16日，国务院颁布实施的《水污染防治行动计划》共包括10条35项具体措施，把政府、企业、公众攥成一个拳头，正式向水污染宣战，也被称为最严的"水十条"。针对城市黑臭水体治理这项工作，"水十条"明确提出了"到2020年，地级及以上城市建成区黑臭水体均控制在10%以内；到2030年，城市建成区黑臭水体总体得到消除"的总体目标要求，并且提出了"采取控源截污、垃圾清理、清淤疏浚、生态修复等措施，加大黑臭水体治理力度，每半年向社会公布治理情况。地级及以上城市建成区应于

2015年底前完成水体排查，公布黑臭水体名称、责任人及达标期限；于2017年底前实现河面无大面积漂浮物，河岸无垃圾，无违法排污口；于2020年底前完成黑臭水体治理目标。直辖市、省会城市、计划单列市建成区要于2017年底前基本消除黑臭水体"的具体工作措施。

2015年8月，住房和城乡建设部、生态环境部（原环境保护部）发布了《城市黑臭水体整治工作指南》，明确了城市黑臭水体定义、识别与分级、城市黑臭水体整治方案编制、城市黑臭水体整治技术、城市黑臭水体整治效果评估、组织实施与政策保障，为指导地方各级人民政府组织实施城市黑臭水体的排查与识别、整治方案的制定与实施、整治效果评估与考核、长效机制建立与政策保障等工作发挥了重要的作用。

**表1-1　城市黑臭水体污染程度分级标准**

| 特征指标（单位） | 轻度黑臭 | 重度黑臭 |
|---|---|---|
| 透明度[①]/cm | 25 ~ 10[①] | <10[①] |
| 溶解氧 /（mg/L） | 0.2 ~ 2.0 | <0.2 |
| 氧化还原电位 /mV | −200 ~ 50 | <−200 |
| 氨氮 /（mg/L） | 8.0 ~ 15 | >15 |

① 水深不足25cm时，该指标按水深的40%取值（资料来源：《城市黑臭水体整治工作指南》）。

**表1-2　水质指标测定方法**

| 序号 | 项目 | 测定方法 | 备注 |
|---|---|---|---|
| 1 | 透明度 | 黑白盘法或铅字法 | 现场原位测定 |
| 2 | 溶解氧 | 电化学法 | 现场原位测定 |
| 3 | 氧化还原电位 | 电极法 | 现场原位测定 |
| 4 | 氨氮 | 纳氏试剂光度法或水杨酸 - 次氯酸盐光度法 | 水样应经过0.45μm滤膜过滤 |

注：相关指标分析方法参见《水和废水监测分析方法（第四版）（增补版）》。

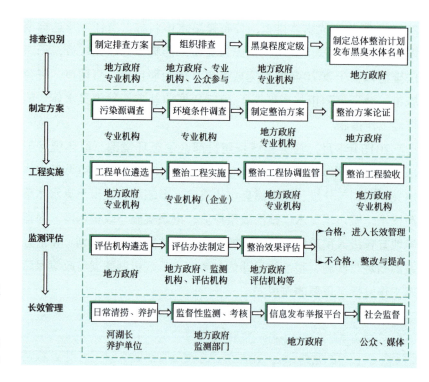

**图 1-3**
**城市黑臭水体整治工作流程**

（资料来源：《城市黑臭水体整治工作指南》）

为进一步扎实推进城市黑臭水体治理工作，巩固近年来治理成果，加快改善城市水环境质量，2018年9月30日，住房和城乡建设部、生态环境部联合发布了《城市黑臭水体治理攻坚战实施方案》，提出了"到2018年底，直辖市、省会城市、计划单列市建成区黑臭水体消除比例高于90%，基本实现长制久清。到2019年底，其他地级城市建成区黑臭水体消除比例显著提高，到2020年底达到90%以上。鼓励京津冀、长三角、珠三角区域城市建成区尽早全面消除黑臭水体"的主要目标，并且明确了采用"控源截污、内源治理、生态修复、活水保质"的系统性措施，加快实施城市黑臭水体治理工程，并且要求各地建立包括河湖长制、排污许可证制、强化运营维护、推进"厂-网-河湖"一体化运营管理机制、强化监督检查等长效机制，加强各项保障措施，确保用3年左右时间使城市黑臭水体治理明显见效，让人民群众拥有更多的获得感和幸福感。

为了加快完成黑臭水体治理任务，加强城市环境治理和修复，2018 ～ 2019年，财政部、住房和城乡建设部、生态环境部三部门先后组织实施了三批全国城市黑臭水体治理示范，支持治理任务较重的地级及以上城市开展城市黑臭水体治理，推动这些城市全面达到党中央、国务院关于黑臭水体治理的目标要求，并带动地级及以上城市建成区实现黑臭水体消除比例达到90%以上的目标。经过竞争性评审，青岛、九江、乌鲁木齐、南宁、深圳、三亚等60个城市成为示范城市，由中央财政给予资金支持。示范城市应在示范期内达到城市建成区内全部黑臭水体消除，基本达到水清岸绿、鱼翔浅底的要求，同时建立较为完善的城镇污水收集处理设施、生活垃圾清运和处置体系，有效建立实施14项工作和管理长效机制，充分发挥示范城市的引领和带动作用。

"十三五"期间，住房和城乡建设部、生态环境部也多次开展城市黑臭水体整治专项行动，对全国重点城市和部分地级及以上城市的黑臭水体整治情况开展了现场核查，形成了城市黑臭水体整治情况统计表和问题清单，实行"拉条挂账，逐个销号"式管理，保障黑臭水体治理过程中做到效果持续、群众满意。根据生态环境部总工程师、水生态环境司司长介绍，截至2020年底，全国地级及以上城市2914个黑臭水体消除比例达到98.2%，接到群众关于黑臭水体的投诉也越来越少，总体实现了攻坚战目标，极大地改善了城市人居环境，我国的城市黑臭水体治理已经初见成效。

当然，这仅仅是我国城市黑臭水体治理的第一步，城市黑臭水体治理"既要还旧账，又不能欠新账。"为了完成"长制久清"这个终极目标，城市黑臭水体治理还有很长的一段路要走。一方面，要防止已完成整治的地级及以上城市的黑臭水体出现反弹，同时考虑到我国县级市、县城、建制镇的黑臭水体整治尚未有效开展，因此在"十四五"期间，黑臭水体治理工作范围将由地级及以上城市，进一步扩大到只要是城市建成区的黑臭水体都要纳入城市黑臭水体攻坚战的范围，力争在"十四五"时期基本消除县级城市建成区的黑臭水体。

为了不断满足人民群众对优美生态环境的需要，巩固提升既有治理成果，使治理成果惠及更多群众，2021年3月，第十三届全国人民代表大会第四次会议通过《中华人民共和国国民经济和社会发展第十四个五年规划和2035年远景目标纲要》，明确"基本消除城市黑臭水体"的任务。同年11月，中共中央、国务院发布《关于深入打好污染防治攻坚战的意见》，要求持续打好城市黑臭水体治理攻坚战，将治理范围扩大到县级城市。

2022年3月28日，住房和城乡建设部、生态环境部、发改委、水利部等四部门印发了《深入打好城市黑臭水体治理攻坚战实施方案》，明确了"十四五"时期，城市黑臭水体治理的重点任务和措施，提出了深入推进城市黑臭水体治理攻坚战的总体要求、加快城市黑臭水体排查及方案制定、强化流域统筹治理、持续推进源头治理、系统开展水系治理、建立长效机制、强化监督检查、保障措施等8项内容。该方案延续了"十三五"期间地级及以上城市黑臭水体治理过程中总结的行之有效的做法，同时针对实践中发现的问题，以及县级城市黑臭水体的特点，进一步突出了工作重点。

2022年4月，生态环境部联合住房和城乡建设部制定了《"十四五"城市黑臭水体整治环境保护行动方案》，指导地方生态环境、住房和城乡建设部门发现问题、分清责任、跟踪督办，指导各地深入打好城市黑臭水体治理攻坚战。到2025年，推动地级及以上城市建成区黑臭水体基本实现长治久清；县级城市建成区黑臭水体基本消除。

当前我国城市黑臭水体治理已初见成效，未来的工作重点将更加集中于县级市和农村黑臭水体治理以及黑臭水体运营维护和长效机制的构建落实，预计在未来15年内仍有很大的发展空间。

## 1.2　青岛城市黑臭水体治理的担当

### 1.2.1　自然条件与城市发展

#### 1.2.1.1　城市区位条件

青岛市地处山东半岛东南隅，位于北纬35°35′~37°09′、东经119°30′~121°00′，东南部濒临黄海，东北部与烟台市毗邻，西与潍坊市接壤，西南与日照市相连，陆域面积11282km²，海域面积12240km²。青岛市作为一座滨海丘陵城市，具有明晰的山海架构，丰富的海洋自然资源。市域范围内有东部崂山和北部大泽山等众多山脉作为天然屏障；滨海岸线有胶州湾、青岛湾、汇泉湾、团岛湾和太平湾等49处海湾（面积大于0.5km²）和120个海岛，海岸线全长905.2km，其中大陆岸线782.3km。迂回的海岸线和连绵的山脉为城市建设提供了丰富多彩的景观风貌和海光山色的本底基础，形成山海挟城的城市特色。

图 1-4
青岛市地标
"五四广场"全景

青岛市为山东省特大城市，连接南北、贯通东西的"双节点"区位优势显著。海阔港深，拥有世界级海港空港，是国际交往的前沿和枢纽，山东蓝色经济区的领头城市、核心区域。大港、大城是青岛的区位特色之一。

港口和海路在青岛的国际交往中占很大比重。青岛港开埠于1892年，是世界第六大综合性港口、"一带一路"交汇点上的重要桥头堡。2019年1月，我国自主设计的全球首个"氢动力+5G"智慧生态港在青岛港投产运营，全自动化码头实现扩容增效。2021年，青岛港货物、集装箱吞吐量达到6.1亿t、3155万标箱，分别位居全球第4位、第6位。

航空枢纽机场成为区域经济开放发展的重要驱动力和资源要素配置的核心节点。青岛位列2021年全球航运中心城市综合实力

**图 1-5**

**青岛港码头**

**图 1-6**

**青岛胶东国际机场
航站楼**

第15位。2021年8月，山东省首座4F级机场青岛胶东国际机场正式通航，对内集高铁、地铁、航空、高速公路为一体，形成立体复合交通网络，可实现一小时通达青岛全域、两小时覆盖山东主要城市，对外辐射全球、布局国际枢纽。

依托港口和航空枢纽的优势，青岛这座陆海交汇的城市在打造国内大循环重要支点和国内国际双循环重要战略链接中把握新机遇、开拓新空间、激发新动力。

### 1.2.1.2 自然地理条件

青岛市地处北温带季风区域，属半湿润温带季风性气候。冬半年（11月~翌年4月），处于中纬度西风带东亚大槽控制之下，受冷空气和气旋活动的频繁侵扰，常伴有大风降温天气；夏半年（5~10月），为北太平洋副热带高压的影响范围，4~7月受南方暖温气流影响常出现海雾连绵的天气现象，7~8月为雨季，降水量占全年的一半以上。

由于海洋环境的直接调节作用，受来自洋面上的东南季风及海流、水团的影响，青岛市海洋性气候特点明显。四季交替分明，全年气温变化和缓，"春迟、夏凉、秋爽、冬长"是青岛沿海地区显著的季节变化特点。春季气温回升缓慢，较内陆迟1个月；夏季湿热多雨，雨量充沛，但温度适中，无酷暑天气；秋季天高气爽，降水少，蒸发强；冬季常有大风天气，持续时间较长。

**（1）气温**

青岛市全年气温变化和缓，四季变化稍迟于内陆，冬暖夏凉。根据1981~2021年青岛气温数据统计，年平均气温13.2℃，春、夏、秋、冬四季平均气温分别为11.2℃，23.4℃，15.9℃，1.3℃。有记录以来，极端最高气温为38.9℃（2002年7月15日），极端最低气温为-16.4℃（1931年1月10日）。

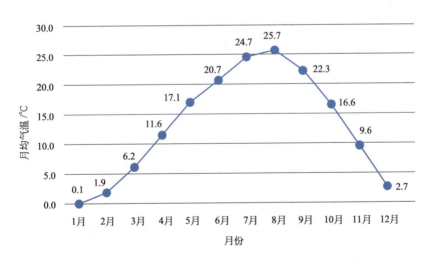

图 1-7

**青岛市1981~2021年月均气温**

**（2）风速风向**

青岛市年平均风速为5.4m/s，春、冬两季风力较高分别为

5.8m/s和5.6m/s，夏、秋两季较低，为5.0m/s左右，近海风力较内陆偏大约2m/s；常年风向为西北、东南、南风，出现频率分别为16.3%、14.2%和13.8%。

### （3）蒸发量

青岛市年平均蒸发量为1113mm，月平均最高值出现在5月，为122mm，最低值出现在1月，为46mm。9月日最大蒸发量最高，达14.1mm，冬季各月日最大蒸发量均在8.0mm以下。近海地区蒸发量小于内陆地区。

### （4）降雨

根据1981 ～ 2021年青岛站降水数据统计，年平均降水量为660.3mm。其中，最高年降雨量为1353.2mm（2007年），最低年降雨量为308.3mm（1981年）。整体来看，除去个别极端年份外，1993年以前，以及2005年以后，青岛市降雨年际变化幅度加大，易造成明显的年际丰枯变化。

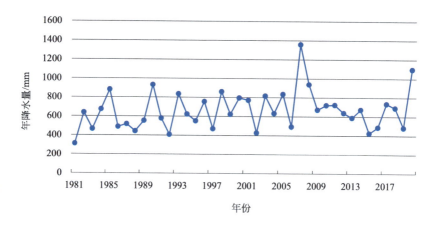

**图 1-8**

**青岛市1981 ～ 2021
年逐年降雨量**

青岛市降雨年内分配不均，汛期（5 ～ 8月）降水量约占全年降水量的60%以上，其中7、8月份降水量约占全年降水量的45%左右，降雨集中在雨季，且易形成暴雨，其他月份降雨量较少。

### （5）水资源条件

青岛市多年平均水资源总量为16.69亿㎥，2020年全市水资

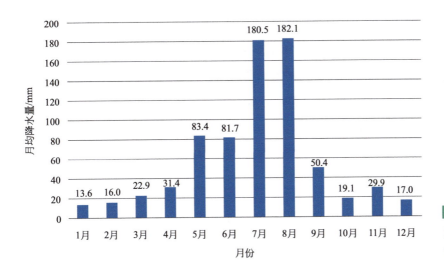

图 1-9
1981 ～ 2021 年
青岛市月均降雨量

源总量为22.96亿m³，比多年平均偏多29.8%，其中地下水与地表水两者之间重复计算量为6.856亿m³。2020年全市地表水资源量为16.45亿m³，相应年径流深为154.4mm，比多年平均径流量偏多23.7%；全市地下水资源总量为13.367亿m³，较多年平均地下水资源量(2001 ~ 2016年)偏多58.9%。

　　按照第七次人口普查常住人口计算，2020年青岛市人均水资源占有量仅为227.97m³。青岛市人均水资源占有量远低于国际公认的缺水标准500m³，是中国北方最严重的缺水城市之一，属于典型的资源型缺水城市。

### （6）水文地质

　　青岛市域范围共有224条河流，河流流程短、径流量小，均属季风区雨源型，其中多数是孤立入海的山溪性小河。域内分为三大水系，依次为大沽河、北胶莱河以及沿海诸河流。其中大沽河水系是胶东半岛最大水系，大沽河也是青岛市最大的河流。干流全长为179.9km，流域面积6131.3km²（含南胶莱河流域1500km²），多年平均径流量为6.61亿m³。近年来，除在汛期外，大沽河中下游已断流。

　　青岛市是海滨丘陵城市，地势东高西低，中部低洼，南北两侧隆起。主要地形类型按总面积占比依次为平原（37.7%）、洼地（21.7%）、山地（15.5%）和丘陵（2.1%）。主要包含3个山系，东南部的崂山山脉海拔最高，主峰海拔为 1132.7m；北部为大泽山；南部按海拔高度依次是由小珠山、铁橛山和大珠山等组成的胶南山群。海岸分为岬湾相间的山基岩岸、山地港湾泥质粉砂岸及基岩沙砾质海岸等3种基本类型。浅海海底则有水下浅滩、现代水下三角洲及海冲蚀平原等。

### 1.2.1.3 社会经济条件

青岛市是我国首批沿海开放城市，副省级城市和计划单列城市。青岛市下辖市南、市北、黄岛、崂山、李沧、城阳、即墨七个区及胶州、平度、莱西三个县级市，共计109个街道、36个镇。

据青岛市统计局数据显示，2021年末青岛市常住人口数量约为1025.67万人，比上年末增长1.49%，在全国城市人口排名第16位。其中，城镇常住人口791.51万人，常住人口城镇化率达77.17%，比上年末提高0.83个百分点。在青岛的10个区（县级市）中，黄岛区常住人口最多，为196.42万人，常住人口超过100万的区（县级市）按人口数量依次为黄岛区、即墨区、平度市、城阳区、市北区、胶州市。

青岛市作为山东省的经济龙头，具有雄厚的产业基础和完备的工业体系，拥有海尔、海信、青啤、中车四方等一批世界知名制造业企业。同时，青岛市加快经济转型升级和创新驱动发展，实体经济稳中求进，数字经济新动能加速崛起，新业态、新模式孕育着青岛经济发展的蓬勃动力，助力青岛加快迈向"活力海洋之都、精彩宜人之城"。

在疫情冲击大背景下，青岛市总体经济稳中向好。根据市级生产总值统一核算结果，2021年青岛实现生产总值14136亿元，位列全国第13位、北方第3位，比上年增长8.3%。其中，第一产业增加值为470.06亿元，比上年增长6.7%；第二产业增加值为5070.33亿元，比上年增长6.9%；第三产业增加值为8596.07亿元，比上年增长9.2%。三个产业所占总产值比重分别为3.3%、35.9%、60.8%，人均GDP约为14.04万元。

青 岛 市 地 图

山东省标准地图                                              设区市·自然地理版

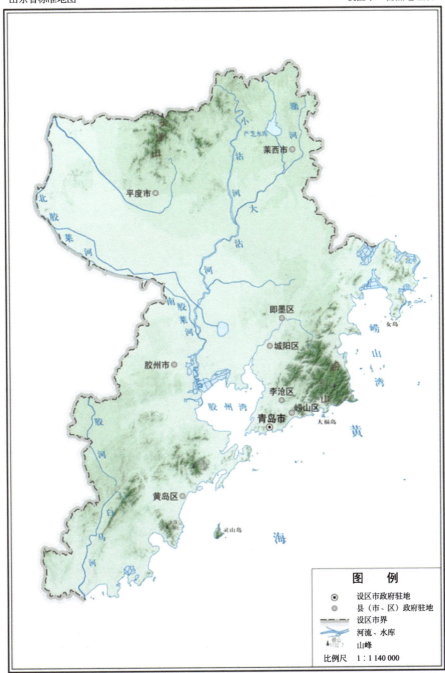

审图号：鲁SG（2021）026号              山东省自然资源厅监制  山东省地图院编制

图 1-10

青岛市水系地形图

图 1-11
青岛市行政区划图

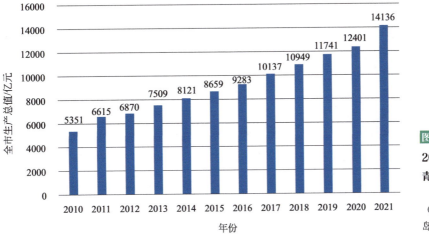

图 1-12

2010 ～ 2021 年
青岛市生产总值

（资料来源：2021 青
岛统计年鉴）

## 1.2.2　青岛城市黑臭水体问题

青岛市作为获得中国人居环境奖的国家园林城市、全国文明城市、中国优秀旅游城市，优良的生态环境一直以来都是青岛一张闪亮的名片。胶州湾是青岛的母亲湾，也是青岛市发展蓝色经济的主要载体，是全国最大的半封闭海湾国家级海洋公园。河海相连，青岛市入海河流携带污染物占陆源污染物进入胶州湾的近 8 成，改善青岛市水环境质量是保护利用好胶州湾、打造国家海洋经济示范区的重要前提。前些年，青岛在河道治理上多侧重于防涝、排洪等，忽略了雨污管道混流、生态自然岸线不足等问题，难以实现长期稳定的整体治理效果，青岛市河道水质持续恶化，例如李村河入海口断面 2016 ～ 2017 年以来水质长期超标，属劣 V 类水体，其中氨氮月均值最高超标达 6.9 倍，加之青岛市多为雨源型河流，水资源、水环境承载力不足，由此带来的水体黑臭问题更成为难治之症。

### 1.2.2.1　治理前水质状况

治理前，青岛市共有 12 段河流被列为住房和城乡建设部、生态环境部（原环境保护部）的《全国城市黑臭水体清单》，总长度 17.71km。其中有两段重度污染水体，分别为楼山河（重庆中路-入海口段）、湖岛河（兴隆路-湖溪路段），总长度 3.19km。

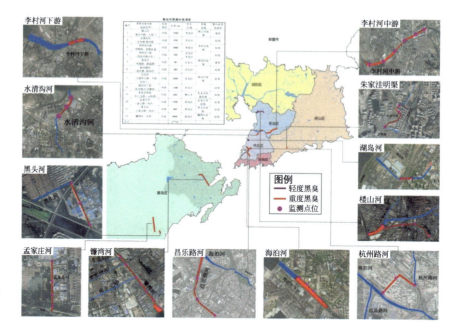

**图 1-13**

治理前青岛市中心城区黑臭水体分布图

表1-3　青岛市黑臭水体基本情况

| 编号 | 黑臭水体名称（起始边界） | 水体类型 | 长度/m | 所在区域 | 所属流域 | 整治前黑臭级别 |
|---|---|---|---|---|---|---|
| 1 | 楼山河（重庆中路－入海口） | 河流 | 3300 | 李沧区 | 楼山河流域 | 重度 |
| 2 | 水清沟河（开封路－唐河路） | 河流 | 850 | 市北区 | | 轻度 |
| 3 | 李村河中游（君峰路－青银高速） | 河流 | 3000 | 李沧区 | 李村河流域 | 轻度 |
| 4 | 李村河下游（四流中路以东） | 河流 | 500 | 市北区李沧区 | | 轻度 |
| 5 | 湖岛河（兴隆路－湖溪路） | 河流 | 80 | 市北区 | 湖岛河流域 | 重度 |
| 6 | 杭州路河（海岸路－海泊河） | 河流 | 380 | 市北区 | | 轻度 |
| 7 | 昌乐河（大港纬五路－入海泊河口） | 河流 | 1800 | 市北区 | 海泊河流域 | 轻度 |
| 8 | 海泊河下游（杭州路河－挡潮闸） | 河流 | 1100 | 市北区 | | 轻度 |
| 9 | 朱家洼明渠（科大支路－云岭路） | 河流 | 600 | 崂山区 | 朱家洼明渠流域 | 轻度 |

续表

| 编号 | 黑臭水体名称（起始边界） | 水体类型 | 长度/m | 所在区域 | 所属流域 | 整治前黑臭级别 |
|---|---|---|---|---|---|---|
| 10 | 孟家庄河（泰山路－风河） | 河流 | 1300 | 黄岛区 | 孟家庄河流域 | 轻度 |
| 11 | 黑头河（大珠山路－风河） | 河流 | 800 | 黄岛区 | 黑头河流域 | 轻度 |
| 12 | 镰湾河（全部） | 河流 | 4000 | 黄岛区 | 镰湾河流域 | 轻度 |

### 1.2.2.2 问题成因分析

**（1）河道缺乏清洁水源补给，水生态效果差**

青岛是典型的海滨丘陵型缺水城市，河流多为雨源型，上游丘陵地形坡度大、流速快、冲刷强，生态岸线等设施建设条件差、旱季断流情况突出；下游受潮汐影响，有水河段不稳定，动植物生长条件差。而青岛市又是缺水城市，人均水资源量仅为全国平均水平

（a）李村河重庆中路以西

（b）水清沟河

（c）湖岛河

（d）杭州路河

图 1-14

**青岛市河道断流情况**

的11%，中心城区一半左右的水源为外调水，无力向河道提供生态水源，城区河道水系连通效果差，水清沟河、湖岛河、昌乐河等经常断流。

城市黑臭水体整治前，青岛市内主要以硬质岸线为主，河道两岸缺少人行活动空间等滨水景观；加之海滨型城市的特点，李村河、海泊河等一些河道直接入海或离入海口较近，入海口的感潮河段受海水倒灌影响，岸边土壤盐碱化严重，涨潮时可能带来较高的水环境污染负荷，影响河道中原有的水生态系统和自净能力等。

### （2）污水收集处理能力不足，布局有待优化

随着城市化进程的加快，青岛市区城乡接合部、城中村等区域的市政基础设施建设不完善，沿河多违建，人口密集，污水未纳管直排河道，严重影响到河道水质，污水处理量的持续增长与城市污水设施规模不匹配，污水处理厂长期超规模运行，产消矛盾日趋凸显，2017年市内三区（市南区、市北区、李沧区）及崂山区建成运行6座，总处理能力77万t/d，污水厂运行负荷率91.5%，现状污水处理厂处理能力趋于饱和，李村河污水处理厂、海泊河污水处理厂、青岛双元水务有限公司等均处于超负荷运行状态。同时，一些市辖区、县级市伴随着美丽乡村基础设施建设工作的开展，农村污水排入城镇污水管网，也加剧了接纳该部分污水的提升泵站和污水处理厂能力不足的问题。

青岛市污水厂布局不利于河道回用，东部主城区（市内三区及崂山区）污水厂基本布置在海边和流域末端，一方面不利于沿河道流域回用，另一方面存在海水倒灌现象，导致出水氯离子浓度过高，影响河道回用。同时，部分流域内的污水处理厂出现上游"吃不饱"，下游"吃不了"等问题，以李村河流域为例，2018年流域内共2座污水处理厂，下游李村河污水处理厂均进水水量25.45万$m^3$/d、最高峰达到30.46万$m^3$/d，进水量超过李村河污水厂现有的25万$m^3$/d的处理规模，水量负荷较高（102%）；而上游世园会再生水净化厂平均运行负荷率却仅有3%，污水厂布局有待进一步优化。

表1-4　李村河流域污水厂水量运行数据（2018年）

| 污水处理厂 | 现状规模 /（万 m³/d） | 平均日进水量 /（万 m³/d） | 最高日进水量 /（万 m³/d） | 年平均运行负荷率 /% |
|---|---|---|---|---|
| 李村河污水处理厂 | 25 | 25.45 | 30.46 | 102 |
| 世园会再生水净化厂 | 0.6 | 0.018 | 0.5 | 3 |

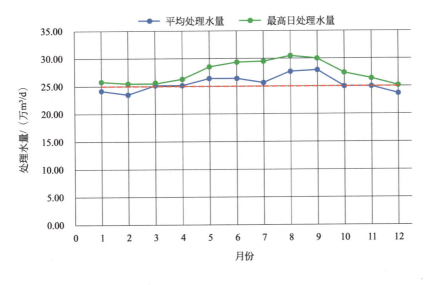

图 1-15
李村河污水处理厂2018年运行数据变化图

### （3）管网雨污混接问题突出，溢流风险加大

　　受旧城改造的影响，青岛市部分区域管网不完善，雨污分流不彻底，小区管网混错接严重，造成雨天时污水溢流入河、污水混接截流排水防涝风险加大等问题。如李村河、张村河上游部分雨污混接口未经分流，直接接入污水干管，造成雨季大量雨水进入污水处理厂，超出处理厂能力，加大污水在下游水清沟河河口、沧口机场南侧等低点倒溢的风险；同时，部分雨污混接口采用设堰的方式进行改造，减小了原雨水管网的排水断面，增大了防涝风险。

　　通过对青岛市现状污水处理厂的调查，2020年，全市运行的24座城市污水处理厂中，进水BOD浓度低于100mg/L的污水处理厂接近30%，进水污染物浓度明显低于城市污水应有的浓度水平，这反映出污水厂所处理的并不全是污水，而是掺混了地表水、地下水等"清水"。

**图1-16**
大村河（四流南路口）
旱季雨季排口溢流

### （4）水污染治理治标不治本，缺乏系统统筹

城市黑臭水体的治理涉及污染源排查、截污、清淤、排口治理、污水处理厂改扩建、生态修复等多专业、多方面，是复杂的系统性工程，水环境治理项目与治理目标之间实施缺乏衔接，工程建设效果未定量评估，导致建设项目实施后对流域治理目标的可达性和效果不明，在推进项目工程中，由于时间不足、调查不细、缺乏经验等原因，忽视了系统治理方案的重要性，造成治理方案系统性不强，科学性差，项目成碎片化，不成体系，没有理解"黑臭问题在水里、根子在岸上"，单纯地将"治水"当作一个河道工程项目，比如只关注了截污工程而忽视外水排查和混错接改造的重要性。需要用系统化的思维，全面了解不同污染源的类型成因、主次关系、治理措施等，才能解决各种疑难杂症，发挥各项措施的治理效果。

### （5）管理和监管机制不健全，跨区界难度大

城市黑臭水体岸上岸下、上下游，左右岸边界复杂，跨区市、涉及部门多，难以形成工作合力，早期的污水收集处理设施存在"多头管理、建管分离"的现象，制度缺失和部门间缺少协作等问题严重掣肘城市水环境治理工作，主要体现在：一是河道管理存在跨区域、多头管理，协同性较弱，管理体系尚不完善，造成责任不清，导致问题处置较慢，同时，管理单位多元化，对部分养护管理单位缺乏有效监督和制约；二是污水溯源联合执法涉及水务、城市

管理、环保等部门，部分区域的住户、商户私自就近将污水管道接入雨水管道或直接将污水倾倒至雨水管渠，导致雨污混流，污水入河，影响环境，部门间难以形成合力，导致对非法排污行为无监测取证和执法管理，偷排乱排现象突出。三是缺乏完整的水质监测等保障体系，建设、管理尚未实现智能化、信息化，对排水设施、河道水质及排水口监管技术手段不足，未建立完善的黑臭水体投诉举报体系，接受群众监督投诉，难以保障城市黑臭水体治理工作的长制久清。

图 1-17

**青岛市排水日常执法**

### 1.2.3 城市黑臭水体治理的历史使命

城市黑臭水体治理早已成为新时期我国建设生态文明的重要举措之一，治理城市黑臭水体从根本上说，就是为了满足人民群众日益增长的对美好生活的需要和向往，这项工作具有非常重要的历史使命和时代意义。

青岛市作为计划单列市、黑臭水体治理示范城市，着力推进城市黑臭水体治理工作既是青岛推进城市高质量发展的内在需求，也是落实国家战略要求和工作部署的重要举措，更是一项满足人民群众对美好生活向往的民生工程。

### 1.2.3.1 国家水污染控制的战略要求

优良的生态环境是最重要的公共福祉。近年来我国城市河流和湖泊水质被污染、水生态严重退化，每况愈下的城市水环境质量与持续向好的经济发展态势形成了鲜明的对比。

城市黑臭水体治理是打好污染防治攻坚战的重要一环，党中央、国务院高度重视城市黑臭水体治理工作。《中华人民共和国水污染防治法》以及党中央、国务院出台的《水污染防治行动计划》《关于全面推行河长制的意见》等文件都对黑臭水体治理工作提出了明确的工作要求。2015 年以来，住房和城乡建设部、生态环境部、财政部等各部门也先后出台了一系列政策制度、技术指南、标准规范，指导和督促全国各地各部门推进城市黑臭水体治理工作，使用中央专项资金支持城市黑臭水体治理示范城市建设，在全国实施黑臭水体清单化管理，落实城市人民政府主体责任，要求各地按照"一河一策"的方式科学系统推进，加大巡查督导力度，调动各方力量共同推进城市黑臭水体治理工作。

### 1.2.3.2 城市高质量发展的内在需求

城市实现高质量发展就必须大力推进生态文明建设，坚持"绿水青山就是金山银山"的理念，处理好经济发展和生态环境保护的关系，在城市开发建设过程中做好对河湖、湿地等天然水系的保护和利用，实现蓝绿交织、水城共融。开展黑臭水体治理，多在系统建设、统筹治理上下功夫，能够减少源头污染物入河，降低水体内源污染，增加水体环境容量，保证水体生态基流，解决城市水环境问题。同时通过自然连通的河湖水系，能够有效地修复城市水生态环境，构建"清水绿岸、河畅景美"的城市滨水空间，有利于改变传统的重地上、轻地下城市开发建设模式，有利于提高城市发展韧性，提升城市生态环境的承载力，最终实现城市生产发展、生活富裕和生态文明的高质量发展。

### 1.2.3.3 人民对美好生活的迫切诉求

经过近 40 年的改革开放，我国的经济建设取得了巨大的成就，社会生产力得到了极大发展，人民生活也实现了从贫困到温饱和即将实现的从温饱到全面小康的历史性跨越。中国特色社会主义进入新时代，我国社会主要矛盾已经转化为人民日益增长的美好生活需要和不平衡不充分的发展之间的矛盾，这也成为了城市黑臭水体治理工作的核心出发点。

与大江大河不同，房前屋后的城市黑臭水体对百姓的生活和健康影响更加直接，大家的感受也更加深刻，因此城市黑臭水体治理这项工作才备受关注，老百姓对于身边一泓清水的需求也更加迫切。

城市黑臭水体以系统解决城市水体黑臭、水生态环境恶化等问题为依托，有序推进城市区域的整体环境改善，能够为老百姓提供更优美的居住环境，更多的休闲娱乐空间，让城市发展建设从"经济优先"向"为人服务"转变，项目建设从"形象工程"向"民生工程"转变。城市黑臭水体治理是以效果为导向的工程，能够倒逼城市基础设施建设补短板、重地下、强系统，让城市既有面子也有里子，让老百姓能够真真切切地体会到"门前的臭水沟变清"这种变化，使老百姓具有更多获得感、幸福感，满足百姓对美好生活的向往。

# 2 青岛黑臭水体治理的
## 关键策略

## 2.1 坚持系统统筹

系统化思维是黑臭水体治理的基础，尤其是对青岛这样的特大型城市来说，从流域生态系统整体性出发，从空间、时间两个维度层层细化，一方面在总体管控上保障黑臭水体治理的系统性，另一方面也能够为具体项目建设提供科学指导。

为系统指导全市黑臭水体治理工作，青岛市先后印发了《青岛市李村河流域水环境治理系统化方案》《青岛市黑臭水体治理实施方案（2018—2020年）》《李村河流域水环境治理工作方案》《青岛市城市污水处理提质增效三年行动方案（2019—2021年）》等，以流域为单元，科学谋划、系统治理指导黑臭水体治理工作，统筹推进海绵城市建设、黑臭水体治理、污水处理提质增效等各项工作。

### 2.1.1 李村河流域水环境治理工作方案

2018年2月，青岛市政府印发了《李村河流域水环境治理工作方案》（青政办字〔2018〕14号），按照"系统规划、统筹实施；问题导向，标本兼治；防治结合，源头控制"的原则，专门成立了以市政府主要领导担任组长，各辖区和部门主要负责同志为副组长的李村河流域水环境治理工作领导小组，提出到2018年年底，李村河流域污水处理能力由25万t/d提升到35万t/d，出水标准由一级A提高至类IV类；排水管网进一步完善，管网运行保障能力明显提高，消除旱流污水直排，逐步实现雨污分流；河道生态功能进一步修复，实现李村河、张村河下游长效化、高标准生态补水。通过系统化、生态化整治提升，打造河道水面景观，加强再生水回用，有效补充涵养地下水，改善入海口河段盐碱化，提高河道环境容量，消除水体黑臭现象，实现李村河国控断面稳定达标，将李村河、张村河由功能单一的季节性行洪河道，打造成"常年有水、水清岸绿"，集休闲健身、生态调节等功能于一体的生态景观廊道，改善中心城区人居环境，不断增强人民群众的获得感、幸福感，实现生态效益、经济效益和社会效益相统一。

方案提出了"控、诉、疏、建、补、修"流向方针，明确了"两提、两分、两清、两补、一体系"的技术体系。两提，提高污水处理能力、提高出水水质标准；两分，沿线城中村雨污分流，支流河道清水分离；两清，清理河道积存淤泥，清除两岸积存垃圾；两补，河道生态补水、两岸绿化补植；一体系，建立网格化管理责任机制、建立智能化水质监测机制，一张蓝图干到底，实现标本兼治。

 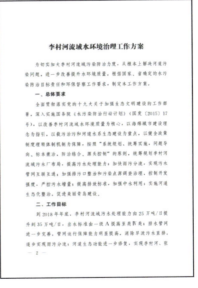

**图 2-1**

青岛市人民政府关于李村河流域水环境治理工作方案的通知

## 2.1.2 青岛市黑臭水体治理实施方案（2018—2020年）

为加快实施黑臭水体治理示范城市创建，进一步推进李村河流域水环境综合治理工作，2019年8月，市政府第68常务会议研究通过并印发了《关于印发青岛市黑臭水体治理实施方案的通知》（青政办字〔2019〕46号），作为青岛市城市黑臭水体治理的纲领性文件，方案确定了16项任务分工，涉及水务、环保、住建、城管、发改、规划等多部门，要求在2018年城市建成区黑臭水体消除比例达到90%以上的基础上，2019年巩固整治成效，确保城市建成区黑臭水体消除比例达到并持续保持在95%以上；到2020年年底，县级市建成区黑臭水体消除比例不低于70%，农村生产生活污水得到有效治理，努力打造"蓝绿交织、清新明亮、水城共融"的生态城市。到2020年年底，城市污水集中处理率达到98%以上，县级市污水集中处理率达到90%以上。

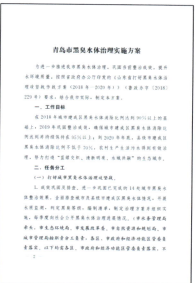

图 2-2
青岛市人民政府关于
青岛市黑臭水体治理
实施方案的通知

### 2.1.3 青岛市李村河流域水环境治理系统化方案

"十三五"期间，结合各辖区特点，青岛市选取城区内面积最大、涉及辖区最多、治理任务最重的李村河流域，编制重点流域水环境治理系统化方案，在李村河流域黑臭水体已基本消除的基础上，为进一步提升李村河流域水环境质量，完善相关工程体系，实现李村河流域水环境质量的持续、稳定提升，编制了《青岛市李村河流域水环境治理系统化方案》，综合运用"控源截污、内源治理、生态修复、活水保质"等工程措施，统筹推进黑臭水体治理、污水处理系统提质增效、海绵城市建设，辅以制度创新，实现李村河流域的"厂-网-河"统一运管，探索长期、稳定实现"清水绿岸、鱼翔浅底"目标的实施路径和技术方法，并打造监测单位、运营单位和老百姓同平台、不同权限的共享模式，实现水务管理的智慧化。

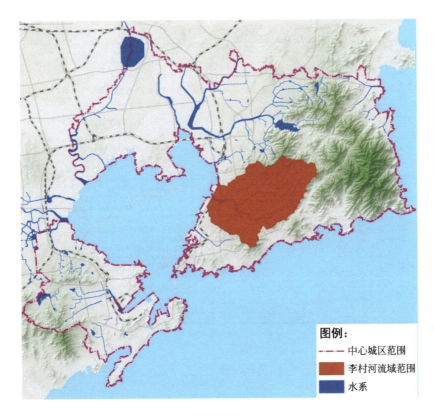

图例：
— · — · 中心城区范围
■ 李村河流域范围
■ 水系

图 2-3
青岛市李村河流域水
环境治理系统化方案
范围

### 2.1.4 青岛市城市污水处理提质增效三年行动方案（2019—2021年）

为提升青岛市污水集中收集效能，2019年11月，青岛市水务管理局、青岛市生态环境局、青岛市发展和改革委员会印发《青岛市城市污水处理提质增效三年行动方案（2019—2021年）》（青水发〔2019〕290号），要求到2021年底，全市建成区基本消除生活污水直排口，基本消除城中村、老旧城区和城乡接合部生活污水收集处理设施空白区，基本消除黑臭水体。市内三区城市生活污水集中收集率较2018年提升1.4%（其中，2019年增加0.4%，2021年增加0.5%，2021年增加0.5%），城市污水处理厂年均进水生化需氧量（$BOD_5$）浓度稳定达到或超过200mg/L（2019年、2020年、2021年均≥200mg/L）。其他五区三市城市生活污水集中收集率稳步提升，城市污水处理厂年均进水生化需氧量（BOD$_5$）浓度较2018年提升10%以上。

图 2-4
青岛市相关部门关于
青岛市城市污水处理
提质增效三年行动方
案的文件

 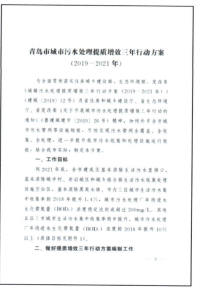

**图 2-4**
青岛市相关部门关于青岛市城市污水处理提质增效三年行动方案的文件

## 2.2 顶格协调推进

为统筹推进黑臭水体治理及示范城市创建工作，2019年11月，青岛市成立了由市政府主要领导任组长的黑臭水体治理工作领导小组，建立了工作协调和推进机制。领导小组办公室设在市水务管理局，具体负责青岛市黑臭水体示范城市创建的日常工作，保障各项工作的制度化、规范化，全面有序地推进青岛市黑臭水体治理各项工作。

扎实推进城市黑臭水体治理工作，青岛市水务管理局专门成立黑臭水体治理工作专班，实行"周例会、月通报"推进机制，全面推进黑臭水体治理、示范城市创建及李村河流域水环境综合治理的62项重点建设任务。

工作专班每周开展项目巡查，及时发现问题、解决问题，高标准、高质量地推进城市黑臭水体治理示范备案项目建设工作。

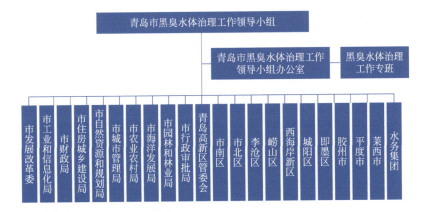

**图 2-5**
青岛市黑臭水体治理工作领导小组组织架构

**图 2-6**
定期召开工作专班会议

## 2.3　加强制度保障

### 2.3.1　深化河长制工作

#### 2.3.1.1　黑臭水体中落实河长制要求

青岛市积极贯彻党中央、国务院和省委关于全面推行河长制、湖长制的战略部署，以河长制为统领，建立了市、区市、镇（街道）、村（社区）四级河长体系，出台河长制工作方案和相应配套制度，协调解决黑臭水体治理相关问题，在此基础上，2020年12月，出台《关于在城市黑臭水体监管中严格落实河长制湖长制的通知》（青河长制办〔2020〕18号）等配套制度，积极督导各区定期巡河、落实河道管护制度，加大城市黑臭水体监管力度，推进城市黑臭水体治理的河湖长履职尽责。

图 2-7
关于在城市黑臭水体
监管中严格落实河长
制湖长制的通知

### 2.3.1.2 黑臭水体巡查预警动态治理

　　为深入推进黑臭水体治理工作，青岛市建立了城市河道黑臭水体巡查预警与动态治理工作机制，压紧压实区（市）主体责任。针对群众关注度高、信访投诉多的有关河道，巡查频率每周不少于1次，实现水环境污染第一时间发现、第一时间治理，2020年至今，全市已下发河道督办函40余份，领导小组办公室紧盯任务时限，各区市均完成整改，推动河长从"有名"向"有实"不断走深走实。

## 2.3.2　健全绩效考核体系

### 2.3.2.1 黑臭水体绩效考核

　　青岛市建立了黑臭水体奖惩机制，由青岛市黑臭水体治理工作领导小组办公室制定了《青岛市黑臭水体治理绩效考评办法》（青水治组办〔2020〕7号），采取日常监督检查与年终考核相结合的方式，对城市建成区内黑臭水体治理工作情况的考核评价，同时，

图 2-8

关于建立城市河道
黑臭水体巡查预警
与动态治理工作机
制的通知

对各区市、各部门制定单独的考核办法和细则，由市黑臭水体治理工作领导小组牵头组织相关部门联合开展。

考核评价工作定于每年12月份开展一次，每年第一季度前完成上一年度的考核评价情况的汇总、通报，年终考核通过听取汇报、查阅资料、现场检查、水质抽检等方式开展，并对各区（市）人民政府、市直相关部门考核评价采用量化评分，并对考核结果呈报市政府并通报给各区（市）人民政府和市直相关部门。

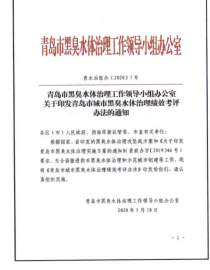

图 2-9

关于青岛市黑臭水
体治理绩效考评办
法的通知

**表2-1　各区（市）城市黑臭水体治理绩效考评办法**

| 项目名称 | | 考核评价内容 | 分值 |
|---|---|---|---|
| 一、组织领导（10分） | 1.健全机制 | （1）成立城市黑臭水体治理工作领导机构、明确牵头部门和相关成员单位职责（2分）<br>（2）严格落实黑臭水体"河长制"由当地党委、政府负责同志担任河长，并履行河长职责（2分）<br>（3）制定地方黑臭水体治理工作方案或实施方案，有明确的内容分工和责任单位（2分） | 6 |
| | 2.工作推进 | （1）工作领导机构研究部署城市黑臭水体治理工作全年不少于2次（2分）。每少1次扣1分<br>（2）黑臭水体有明确的河长，定期开展巡河（1分）。河道设置河长制公示牌且公开信息齐全（1分） | 4 |
| 二、治理实施（20分） | 3.实施计划 | （1）按照省、市目标要求，结合本地实际，合理安排各年度治理计划，落实治理项目（2分）<br>（2）及时公布黑臭水体名称、责任人及达标期限（1分），每半年公布治理工作进展（1分） | 4 |
| | 4.工程实施 | （1）严格执行"一河一策"治理方案，设计方案经专家审查（1分）；履行基本建设程序（1分）<br>（2）工程施工符合文明施工及环境保护要求，实施过程中无二次污染、扰民等不良影响（2分）<br>（3）工程进度符合规定进度要求（2分）。因工程进度滞后，被督办或通报整改的，每次扣1分 | 6 |
| | 5.年度任务 | （1）完工项目应提供完工验收记录或竣工验收证明、影像等材料（2分）<br>（2）《青岛市黑臭水体治理工作方案》、示范城市创建中的重点工作任务，能在规定时间内完成（8分）；未按规定时间完成的或出现通报的情况，每项扣2分 | 10 |
| 三、治理成效（30分） | 6.评估效果 | 根据城市黑臭水体治理效果评估工作要求，按时完成初见成效和长制久清评估（8分） | 8 |
| | 7.感官效果 | （1）水面清洁，无大面积垃圾或漂浮物，无不适气味；河岸整齐清洁，无垃圾及杂物堆放（3分）<br>（2）健全垃圾收集转运体系，并配备打捞人员，及时清理转运垃圾，做好垃圾收集转运记录（3分）<br>（3）河道无违法排污口（3分）。发现未封堵或仍流出污水的入河排口，且地方无法证明其设置合法的，发现1处，扣1分<br>（4）河道水体流动性良好或水体设有循环设施、采用生态治理等措施，生态环境显著改善（3分）<br>（5）规范垃圾填埋场、转运站管理，严防垃圾渗滤液直排或溢流入河，严禁垃圾向农村转移（3分）<br>（6）合理制定并实施河湖防洪除涝清淤疏浚方案，妥善对底泥进行处理处置（3分） | 18 |
| | 8.台账资料 | （1）黑臭水体治理台账资料管理符合省、市相关规定格式要求（2分）<br>（2）内容完整、格式、样式等统一、美观（2分） | 4 |

续表

| 项目名称 | | 考核评价内容 | 分值 |
|---|---|---|---|
| 四、长效保持（40分） | 9. 水质指标 | 已完成治理黑臭水体成效稳固，水质指标达到规定要求并长期稳定，出现水质不达标，被督办或通报整改的，每次扣2分，水质达标情况以第三方抽检结果为依据（8分） | 8 |
| | 10. 水体管护 | （1）明确养护保洁单位，落实养护保洁经费，资金及时下达、使用合理、专款专用（4分）<br>（2）严格实施排污许可和排水许可制度，加强对私接乱搭、工业企业非法排污的执法管理（5分） | 9 |
| | 11. 监督考核 | （1）建立考核检查机制、整改监督机制、绩效考评和责任追究等制度且实施考核（2分）<br>（2）在全国城市黑臭水体治理监管平台及时准确上报进展情况（2分）<br>（3）及时有效处理举报、曝光、督办等问题，及时反馈（9分），有一次不符合要求的，扣3分<br>（4）经曝光（非主动排查），但不在黑臭水体治理清单的水体，每曝光1条河道扣3分<br>（5）治理工作信息及相关报表按要求及时报送，内容完整、数据准确（2分） | 15 |
| | 12. 宣传教育 | （1）通过广播电视、网络、报纸、微信公众号、简报等积极宣传黑臭水体治理工作（2分）<br>（2）被省级以上媒体、简报等采用或得到中央、省肯定表扬的（6分）。每1条加2分 | 8 |
| 合计 | | | 100 |

表2-2　各市直部门城市黑臭水体治理绩效考评办法

| 考核评价对象 | 考核评价内容 | 分值 |
|---|---|---|
| 市水务管理局 | （1）落实河湖日常管理，建立管理养护台账；建立河长制相关机制，定期组织巡河；每年纳入市综合考核并有考核结果 | 20 |
| | （2）对城市黑臭水体水质定期监测并向社会公示；设置城市黑臭水体群众举报热线，对举报情况妥善处理 | 20 |
| | （3）建立污水收集处理设施建设用地保障机制；制定中心城区水体及治污设施日常维护管理制度 | 20 |
| | （4）推行"厂－网－河（湖）"一体化运作模式，制定一体化运维绩效考核体系 | 20 |
| | （5）分批、分期完成生活污水收集管权属普查和登记造册，建立以5~10年为周期的排水管网普查机制 | 20 |

续表

| 考核评价对象 | 考核评价内容 | 分值 |
| --- | --- | --- |
| 市住房城乡建设局 | （1）制定完善海绵城市规划建设管理相关政策制度 | 50 |
| | （2）全面推进李村河流域海绵城市建设 | 50 |
| 市城市管理局 | （1）制定并印发城市黑臭水体治理排水执法有关制度性文件，完善相应工作标准并组织实施 | 40 |
| | （2）各级排水执法部门开展执法检查，及时查处各类违法排水行为，并有相应执法工作记录 | 30 |
| | （3）对市政管网私搭乱接，沿街经营性单位和个体工商户污水乱排直排、"小散乱"排污等重点违法问题组织联合执法行动 | 30 |
| 市生态环境局 | （1）严格执行排污许可证制度；实现排污许可全覆盖；有相关督查检查记录 | 25 |
| | （2）开展水体沿岸排污口排查，摸清底数，逐一登记建档，并开展定期监测，监测数据有法定效力 | 25 |
| | （3）加强对工业企业偷排行为执法，有相关执法记录 | 25 |
| | （4）出台部门相应文件，建立企业、工业园区排污情况和治污设施的日常监督监管机制 | 25 |
| 市自然资源和规划局 | 在国土空间规划中做好规划控制 | 100 |
| 市财政局 | 加强专项资金的预算绩效管理，按规定及时拨付专项资金 | 100 |
| 市行政审批服务局 | （1）制定城市排污排水许可发放制度，印发相关的服务指南，联合主管部门强化监管 | 50 |
| | （2）优化对黑臭水体治理项目报建、审批手续 | 50 |
| 市园林和林业局 | （1）确保河道绿化景观工程效果，绿地无裸露土地 | 50 |
| | （2）加强沿河湖园林绿化建设指导监督，把关河道园林景观方案 | 50 |

### 2.3.2.2 纳入社会经济发展综合考核

青岛市大力推进黑臭水体治理工作纳入政府各部门及各区人民政府的考核体系。2018年青岛市将黑臭水体治理工作纳入市区两级《2018年度青岛市综合考核办法》；2019—2020年将黑臭水体治理纳入《青岛市经济社会发展综合考核》，通过采取实地考核、定量定性指标考核、群众评价和综合评价四种方式，与市管领导班子和领导干部年度考核一并进行。

《2018年度青岛市综合考核办法》中考核水环境质量目标完成情况，满分100分，建成区黑臭水体整治情况占20分；《青岛市经济社会发展综合考核（2019年）》及《2020年度青岛市经济社会发展综合考核办法》中以市水务管理局、市生态环境局为责任单位，考核水环境质量目标完成率、水污染防治重点工作完成率两项内容，分别占比70%、30%，其中要求计算建成区黑臭水体整治完成率。减分项中，因城市黑臭水体治理工作不力，未按要求完成工作任务的减5分。通过将黑臭水体治理工作纳入经济社会发展考核体系，优化强化正向激励作用，加强考核结果运用，建设与管理并重，全面贯彻落实市委市政府关于黑臭水体治理制度保障的工作要求。

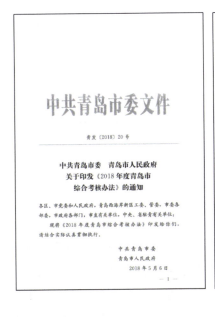

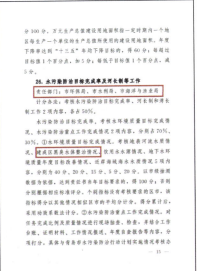

**图 2-10**

**2018 年度中共青岛市委关于青岛市综合考核办法的通知**

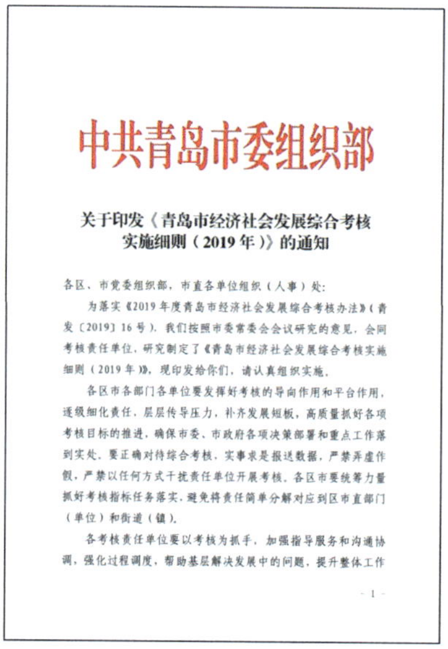

中共青岛市委组织部

关于印发《青岛市经济社会发展综合考核实施细则（2019年）》的通知

各区、市党委组织部，市直各单位组织（人事）处：

为落实《2019年度青岛市经济社会发展综合考核办法》（青发〔2019〕16号），我们按照市委常委会会议研究的意见，会同考核责任单位，研究制定了《青岛市经济社会发展综合考核实施细则（2019年）》，现印发给你们，请认真组织实施。

各区市各部门各单位要发挥好考核的导向作用和平台作用，逐级细化责任，层层传导压力，补齐发展短板，高质量抓好各项考核目标的推进，确保市委、市政府各项决策部署和重点工作落到实处。要正确对待综合考核，实事求是报送数据，严禁弄虚作假，严禁以任何方式干扰责任单位开展考核。各区市要统筹力量抓好考核指标任务落实，避免将责任简单分解对应到区市直部门（单位）和街道（镇）。

各考核责任单位要以考核为抓手，加强指导服务和沟通协调，强化过程调度，帮助基层解决发展中的问题，提升整体工作

- 1 -

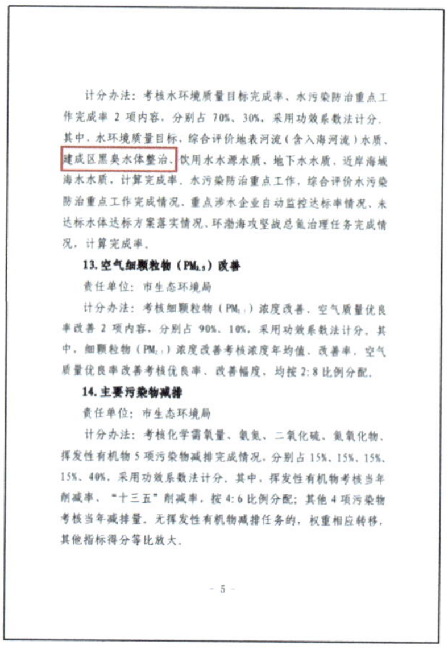

计分办法：考核水环境质量目标完成率、水污染防治重点工作完成率2项内容，分别占70%、30%，采用功效系数法计分。其中，水环境质量目标，综合评价地表河流（含入海河流）水质、建成区黑臭水体整治、饮用水水源水质、地下水水质、近岸海域海水水质，计算完成率。水污染防治重点工作，综合评价水污染防治重点工作完成情况、重点涉水企业自动监控达标率情况、未达标水体达标方案落实情况、环渤海攻坚战总氮治理任务完成情况，计算完成率。

**13. 空气细颗粒物（$PM_{2.5}$）改善**

责任单位：市生态环境局

计分办法：考核细颗粒物（$PM_{2.5}$）浓度改善、空气质量优良率改善2项内容，分别占90%、10%，采用功效系数法计分。其中，细颗粒物（$PM_{2.5}$）浓度改善考核浓度年均值、改善率，空气质量优良率改善考核优良率、改善幅度，均按2:8比例分配。

**14. 主要污染物减排**

责任单位：市生态环境局

计分办法：考核化学需氧量、氨氮、二氧化硫、氮氧化物、挥发性有机物5项污染物减排完成情况，分别占15%、15%、15%、15%、40%，采用功效系数法计分。其中，挥发性有机物考核当年削减率、"十三五"削减率，按4:6比例分配；其他4项污染物考核当年减排量。无挥发性有机物减排任务的，权重相应转移，其他指标得分等比放大。

- 5 -

**图 2-11 中共青岛市委组织部关于青岛市经济社会发展综合考核实施细则（2019年）的通知**

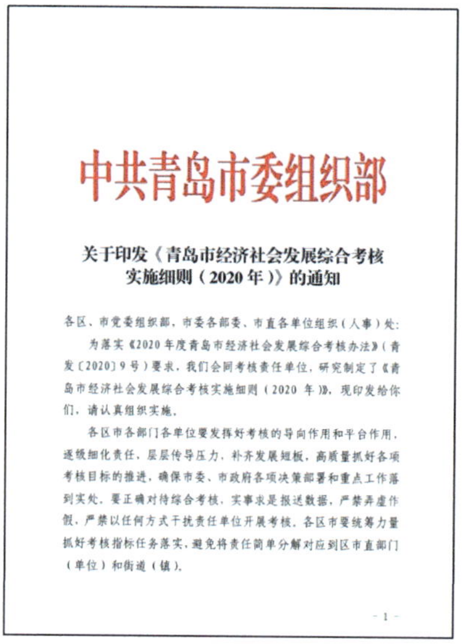

中共青岛市委组织部

关于印发《青岛市经济社会发展综合考核实施细则（2020年）》的通知

各区、市党委组织部，市委各部委、市直各单位组织（人事）处：

为落实《2020年度青岛市经济社会发展综合考核办法》（青发〔2020〕9号）要求，我们会同考核责任单位，研究制定了《青岛市经济社会发展综合考核实施细则（2020年）》，现印发给你们，请认真组织实施。

各区市各部门各单位要发挥好考核的导向作用和平台作用，逐级细化责任，层层传导压力，补齐发展短板，高质量抓好各项考核目标的推进，确保市委、市政府各项决策部署和重点工作落到实处。要正确对待综合考核，实事求是报送数据，严禁弄虚作假，严禁以任何方式干扰责任单位开展考核。各区市要统筹力量抓好考核指标任务落实，避免将责任简单分解对应到区市直部门（单位）和街道（镇）。

- 1 -

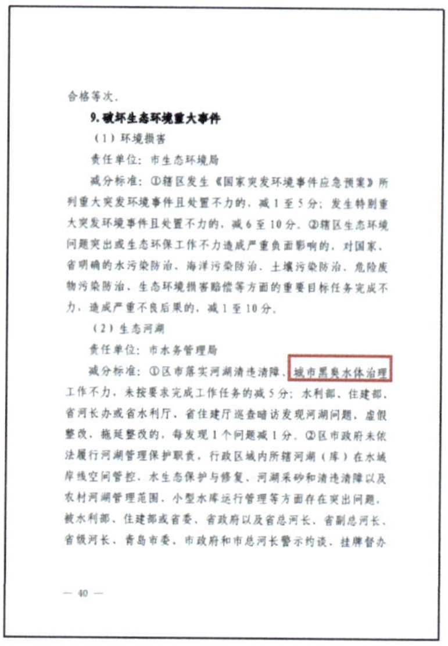

合格等次。

**9. 破坏生态环境重大事件**

（1）环境损害

责任单位：市生态环境局

减分标准：①辖区发生《国家突发环境事件应急预案》所列重大突发环境事件且处置不力的，减1至5分；发生特别重大突发环境事件且处置不力的，减6至10分。②辖区生态环境问题突出或生态环保工作不力造成严重负面影响的，对国家、省明确的水污染防治、海洋污染防治、土壤污染防治、危险废物污染防治、生态环境损害赔偿等方面的重要目标任务完成不力，造成严重不良后果的，减1至10分。

（2）生态河湖

责任单位：市水务管理局

减分标准：①区市落实河湖清违清障、城市黑臭水体治理工作不力，未按要求完成工作任务的减5分；水利部、住建部、省河长办或省水利厅、省住建厅巡查暗访发现河湖问题、虚假整改、拖延整改的，每发现1个问题减1分。②区市政府未依法履行河湖管理保护职责，行政区域内所辖河湖（库）在水域岸线空间管控、水生态保护与修复、河湖采砂和清违清障以及农村河湖管理范围、小型水库运行管理等方面存在突出问题，被水利部、住建部或省委、省政府以及省总河长、省副总河长、省级河长、青岛市委、市政府和市总河长警示约谈、挂牌督办

— 40 —

**图 2-12 2020年度中共青岛市委组织部关于青岛市经济社会发展综合考核办法的通知**

## 2.3.3 加大联合执法力度

为加强青岛市黑臭水体治理，规范城市排水与污水处理行为，推进排水执法工作，确保违法案件的办理成效，2020年5月，由青岛市城市管理局、青岛市生态环境局、青岛市水务管理局联合印发了《青岛市黑臭水体治理排水执法工作标准》（青城管〔2020〕59

号），规范青岛市黑臭水体排水联合执法工作，严格落实执法全过程记录制度。

青岛市城市管理局、青岛市水务管理局主要对各类明沟、暗渠、河道、前海一线及周边区域的排水工厂、建筑施工单位、宾馆、酒店、医院等单位与个人组织开展排水执法检查；青岛市生态环境局将全市重点涉水排放工业企业纳入双随机一公开执法范围，开展日常执法检查，对发现的违法排污行为依法进行查处，依法对排污者执行环境保护法律、法规的情况实施监督检查，查处环境违法行为。各部门建立了工作联动机制，对重污染户如餐饮业、医药业等特种行业的排水跟踪检查，切实加大对违法排水问题的打击力度，消除黑臭水体隐患，执法检查内容主要包括：

**（1）排水户的违法排水行为**

排水户未取得或不按照污水排入排水管网许可证的要求排放污水的；在雨水、污水分流地区将污水排入雨水管网的；向城镇排水与污水处理设施排放、倾倒剧毒、易燃易爆、腐蚀性废液和废渣及油脂、垃圾、渣土、施工泥浆等易堵塞排水设施的废弃物的等。

**（2）设施建设、维护或检修过程的违法行为**

在雨水、污水分流地区，建设单位、施工单位将雨水管网、污水管网相互混接的；损毁城镇排水与污水处理设施的；擅自堵塞、占压、拆卸、移动城市公共排水设施的；因城镇排水设施维护或者检修可能对排水造成影响或者严重影响，城镇排水设施维护运营单位未事先向城镇排水主管部门报告，采取应急处理措施或未按照防汛要求对城镇排水设施进行全面检查、维护、清疏，影响汛期排水畅通的等。

**（3）污水与污泥处置处理方面的违法行为**

城镇污水处理设施维护运营单位未按照国家有关规定检测进出水水质的；城镇污水处理设施维护运营单位或者污泥处理处置单位对产生的污泥以及处理处置后的污泥的去向、用途、用量等未进行跟踪、记录的；擅自倾倒、堆放、丢弃、遗撒污泥的等。

**图 2-13**

**青岛市相关部门关于青岛市黑臭水体治理排水执法工作标准的通知**

## 2.3.4 完善工程质量监管

### 2.3.4.1 工程质量监督

为加强市政给水排水工程质量监督管理，规范工程质量监督行为，保证工程质量，青岛市出台了《公用事业工程质量监督登记批后监督管理办法》（青水建安〔2020〕133号），并严格落实抽测质量、闭水管道闭水试验记录表、工程质量监督登记表、工程质量监督工作计划、抽查记录、附隐蔽工程检查等工作记录。

按照"分级负责、属地管理"的原则，青岛市水务管理局负责市南区、市北区、李沧区（市内三区）行政区域内新建、扩建、改建等权限范围内造价30万元以上的市政给水排水工程质量监督管理，指导市内三区以外各区（市）市政给水排水工程质量监督管理工作，青岛市水务管理局工程质量监督机构实施市政给水排水工程质量监督检查。

各区（市）水行政主管部门依照职权范围负责本辖区市政给水排水工程的质量监督管理工作。

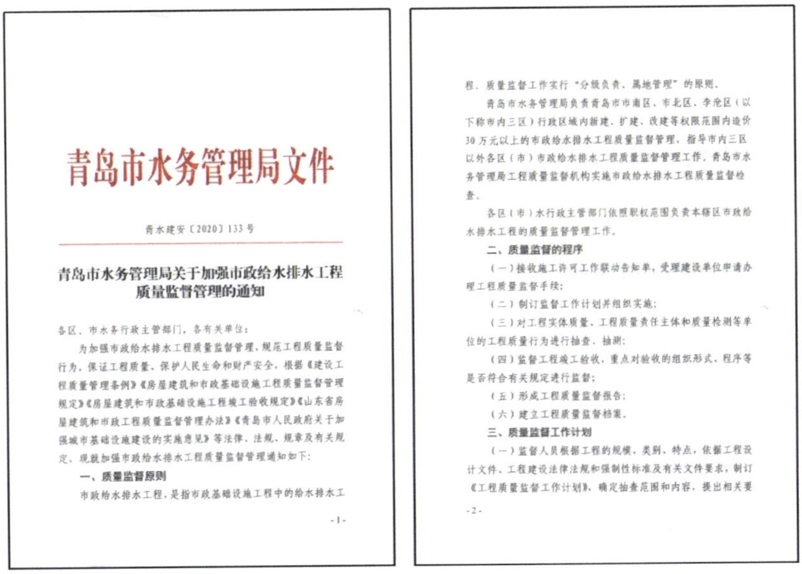

**图 2-14**
**青岛市水务管理局关于加强市政给水排水工程质量监督管理的通知**

### 2.3.4.2 企业信用管理

为保障青岛市黑臭水体治理工作的良好建设环境，加快推进黑臭水体治理工作的信用监督、警示和惩戒，青岛市水务管理局、青岛市住房和城乡建设局联合将黑臭水体治理项目相关企业纳入信用管理机制，将从事城市黑臭水体治理的设计、施工、材料、运维等企业纳入信用管理。青岛市水务管理局负责对黑臭水体治理有关单位信用进行统一管理，依法依规通报黑臭水体治理有关单位的信用情况，纳入建设市场监管与信用信息综合平台。

### 2.3.5　信息公开公众监督

为进一步巩固城市黑臭水体整治成效，2020年3月，青岛市出台了《关于建立城市黑臭水体定期监测评估、信息公开等工作机制的通知》（青水治组办〔2020〕4号），市级黑臭水体治理主管部门委托第三方评估单位每月对城市黑臭水体开展水质监测并出具水质监测报告，每月向社会公布黑臭水体水质监测数据、整治进展情况及黑臭水体举报热线，24小时接受群众投诉。

**图 2-15**

青岛市相关部门关于做好黑臭水体治理项目相关企业信用管理工作的通知

**图 2-16**

青岛市建设市场监管与信用信息综合平台页面

**图 2-17**

关于建立城市黑臭水体定期监测评估、信息公开等工作机制的通知

### 2020年11月份青岛市城市黑臭水体水质监测公报

日期：2020-12-10 | 来源：本站原创

2020年11月份青岛市城市黑臭水体水质监测公报

2017年我市完成城市建成区内14处城市黑臭水体治理工作，并分别通过了初见成效和长制久清评估。为进一步巩固整治成效，强化监督管理，我局按照《青岛市黑臭水体治理实施方案》和《城市黑臭水体整治工作指南》要求，委托第三方检测机构定期开展水质监测工作。现将11月份监测结果公报如下：

市北区湖岛河、水清沟河、杭州路河、昌乐河，胶州市护城河支流5处城市黑臭水体断流，其余检测结果见下表。

| 水体名称 | 氧化还原电位（mV） | 氨氮（mg/L） | 溶解氧（mg/L） | 透明度（cm） | 是否达标 |
|---|---|---|---|---|---|
| 黑头河 | +89 | 1.32 | 7.51 | 达标 | 是 |
| 孟家庄河 | +84 | 0.814 | 6.77 | 达标 | 是 |
| 镰湾河 | +102 | 1.17 | 8.94 | 达标 | 是 |
| 楼山河 | +128 | 0.614 | 5.15 | 达标 | 是 |
| 李村河中游 | +140 | 1.40 | 5.17 | 达标 | 是 |
| 李村河下游 | +105 | 1.15 | 9.51 | 达标 | 是 |
| 海泊河下游 | +99 | 0.928 | 10.75 | 达标 | 是 |
| 朱家洼明渠 | +130 | 0.480 | 9.42 | 达标 | 是 |
| 西流峰河支流 | +86 | 0.890 | 5.78 | 达标 | 是 |

欢迎广大市民积极监督我市黑臭水体治理工作，如发现水体黑臭等相关问题可通过"全国城市黑臭水体整治监管平台"或拨打监督电话进行举报，监督电话：0532-85916101。

**图 2-18**

**每月城市黑臭水体监测数据及举报电话**

图 2-19

区（市）黑臭水体投诉举报电话通知

### 2.3.6 排水设施维护养护

针对城市排水设施的日常养护维修，充分发挥城市排水设施养护维修服务工作，青岛市先后出台了《青岛市城市排水条例》（2020年3月26日修订）、《青岛市城市排水设施养护维修服务质量要求》等制度，养护范围包括城市管网、明沟、暗渠、河道、泵站、污水处理厂等，进一步落实各区排水管网等设施维护的责任主体和职责分工，每年将维护养护经费纳入政府财政预算。

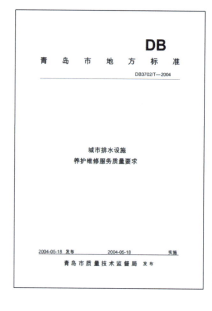

图 2-20

青岛市城市排水设施养护维修服务质量要求的地方标准

2013年12月，青岛市就启动了城市地下管线普查与信息化建设工作。2015年6月，青岛市市区（市南区、市北区、李沧区）

地下管线普查与信息化建设项目顺利通过专家验收，共普查完成9000余公里地下管线，基本摸清了市区主要市政道路范围内给水、排水（雨水、污水）、燃气、热力、电力、通信、工业、综合管（廊）沟等八大类地下管线的埋藏情况，建立了市区地下管线普查数据库，并以普查数据为依托建立了市区地下管线信息管理系统，实现了管线数据编辑、查询、统计、更新、备份、入库、导出等数据管理功能，每年对普查数据库进行动态更新。

图 2-21
青岛市市区地下管线
信息管理系统

### 2.3.7 排水许可排污许可

#### 2.3.7.1 排水许可管理

青岛市根据排水主体不同，针对雨水、污水设施和专用排水设施采用备案制，针对排水户采用许可制。按照"应接尽接、分类管理"的原则，青岛市分别制定发布了"雨水、污水设施及专用排水设施接入城市排水管网备案"和"污水排入排水管网许可证核发"业务手册，并出台了《青岛市城市排水条例》（2020年3月26日修订）、《青岛市城市污水排放管理办法》等制度文件，对排入排水管网的排水户颁发排水许可，其中包括工业企业、医院等重点单位，同时加强批后监管，不定期抽检排水户排水水质情况。

按照"谁主管谁监管"原则，青岛市水务管理局制定了《城镇污水排入排水管网许可事中事后监管实施方案》，对市南区、市北区、李沧区范围内，已向市行政审批服务局申领"污水排入排水管网许可证"的从事工业、建筑、餐饮、医疗等活动，并向城镇排水设施排放污水的企业事业单位、个体工商户进行监管，通过实地检查、随机抽查、委托第三方监测机构等方式。在事中事后监管过程中发现需要进行行政处罚的，由市水务管理局移交市综合行政执法局依法处理。对已办理污水排入排水管网许可证，但未依照批准的排水许可规定排放污水的单位和个人，将依照"城镇排水与污水处理条例""城镇污水排入排水管网许可管理办法"和"青岛市城市排水条例"有关规定，由青岛市综合行政执法局予以处罚。

### 2.3.7.2 排污许可管理

为加强排污许可管理工作，青岛市印发了《青岛市排污许可证管理办法》（政府令第245号）、《青岛市实施控制污染物排放许可制工作方案》（青政办字〔2017〕39号）等一系列制度，由青岛市生态环境局组织实施，并开展了火电、造纸、钢铁、水泥、平板玻璃、农药、石化等15个行业排污许可工作，定期对持证单位开展自查，对排污单位执行报告进行审查。按照生态环境部、山东省生态环境厅的部署完成固定污染源排污许可清理整顿工作，青岛市发证率100%，登记率100%。

工业园区按"水十条"规定，建设污水集中处理设施，对于危害城市排水设施和公共安全的污水应建设污水预处理设施，处理达标后方可排入城市排水设施；定期公布无证排污和超标排污严重企业名单，并将企业名单移交征信平台，确保其按期达标或退出。

### 2.3.8 厂-网-河一体化运维

青岛市在黑臭水体治理实践中，推广厂-网-河一体化运维，深

青岛市行政审批服务局

## 污水排入排水管网许可证核发办理服务指南

**审批依据**

《城镇排水与污水处理条例》，《城镇污水排入排水管网许可管理办法》，《青岛市城市排水条例》

**审批条件**

因从事制造、建筑、电力和燃气生产、科研、卫生、住宿餐饮、居民服务和其他服务等活动产生污水，并向城市排水设施排放所产生污水的单位和个体经营者，应当向排水行政主管部门申请办理城市排水许可证书，按照城市排水许可证书规定的排水种类、总量、时限、排放口位置和数量、排放的污染物种类和浓度等排放污水。

**申请材料**

1、《城镇污水排入排水管网许可申请表》；

2、排水平面图(有污水处理设施的单位还需提供污水处理工艺流程图)以上材料加盖公章；

3、排水许可申请受理之日前一个月内由具有计量认证资格的排水监测机构出具的排水水质、水量检测报告（原件）及排水监测机构资质证书复印件；

4、房屋产权权属材料复印件（加盖公章）。

以上复印件注明"与原件一致"并加盖申请单位公章，提供原件核查。

**审批程序**

受理—审查—现场勘察—决定

**法定期限**

20个工作日

**承诺期限**

5个工作日

**收费标准**

无

**收费依据**

无

**申报网址**

**办理地点**

青岛市行政审批服务大厅三楼307-310综合窗口

**咨询电话**

85916584

青岛市行政审批服务大厅
QINGDAO ADMINISTRATIVE SERVICE CENTER

地址：青岛市香港中路17号
电话：85916555　　传真：85916145
邮编：266071
电子邮箱：shenpidt@qingdao.gov.cn
网址：shenpidt.qingdao.gov.cn

**图 2-22**

**污水排入排水管网许可证核发办理服务指南**

全国排污许可证管理信息平台 公开端

**图 2-23**

**青岛排污许可管理信息平台截图**

入推进污水处理提质增效。以李村河流域为先行推广流域，开展"厂-网-河"一体化工作方案及相关课题研究，印发了《青岛市李村河流域"厂网河"一体化工作方案（试行）》《关于建立健全青岛市"厂-网-河"或"厂-网"一体化运维模式的指导意见（试行）》等方案，并建立与污水厂进出水浓度、排水管网运行、河流水质稳定达标率等相关指标挂钩的考核付费机制，实施绩效考核、按效付费，推动青岛市"厂-网-河"一体化工作常态化、长效化。

以流域为单位，推进李村河厂网河等设施全要素、一体化管理，实现源头管控、过程调控、结果可控，实现以下目标：

### （1）运行管理模式明显优化

对李村河流域内所有的河、池、口、闸、站、雨污水管网（包括市政雨污水管道、泵站、明沟、暗渠等，不含小区红线内管网）及污水厂进行统一调度和一体化运维管理，实施李村河流域全面监管，厂-网-河设施有效联动，做到运营队伍健全、管护资金落实、管理制度完善，建立起责任明确、协调有序、监管严格、保护有力的管理保护体制和良性运行机制。

### （2）污水处理效能持续提升

结合城镇排水规划和河道生态用水需要，有计划地实施污水处理厂提标扩建工程，实现处理后的污水全部达到一级A及以上出水标准。深入开展城市污水处理提质增效，全面有序开展管网排查，修复管网病害，加快管网新建和改造步伐；不断完善城市污水收集系统，消除流域内老旧城区和城乡接合部生活污水收集处理设施空白区，充分发挥流域内排水设施整体能力，提高流域污水收集、输送与处理保障水平。

### （3）水环境质量有效改善

立足水生态、水循环、水景观、水安全有机统一，李村河流域水环境改善与城市品质提升协调发展，实现"清水入河、污水入管、清污分流”。加大李村河河道生态补水力度，建立完善河道生态补水长效机制。加强河道断面水质管理，进一步巩固城市黑臭水体整治成效。坚持水体治理与泄洪排涝并重，着力打造“美丽河、幸福河”，实现“水清岸绿、鱼翔浅底”的目标。

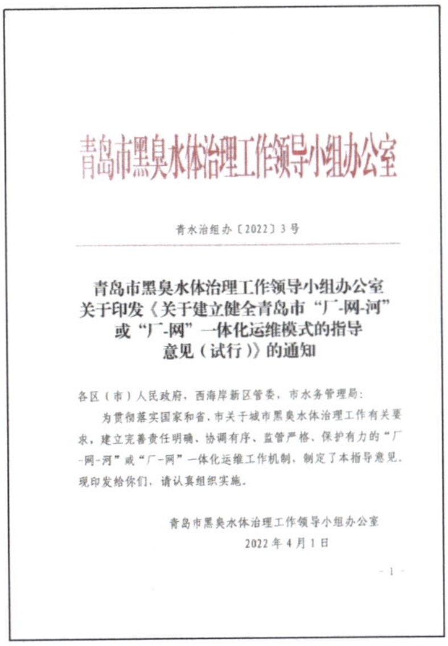

青岛市黑臭水体治理工作领导小组办公室

青水治组办〔2022〕3号

青岛市黑臭水体治理工作领导小组办公室
关于印发《关于建立健全青岛市“厂-网-河”或“厂-网”一体化运维模式的指导意见（试行）》的通知

各区（市）人民政府，西海岸新区管委，市水务管理局：

为贯彻落实国家和省、市关于城市黑臭水体治理工作有关要求，建立完善责任明确、协调有序、监管严格、保护有力的“厂-网-河”或“厂-网”一体化运维工作机制，制定了本指导意见，现印发给你们，请认真组织实施。

青岛市黑臭水体治理工作领导小组办公室
2022年4月1日

- 1 -

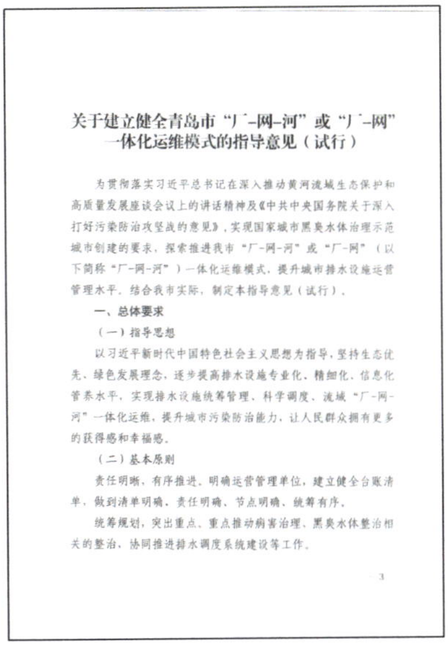

关于建立健全青岛市“厂-网-河”或“厂-网”一体化运维模式的指导意见（试行）

为贯彻落实习近平总书记在深入推动黄河流域生态保护和高质量发展座谈会议上的讲话精神及《中共中央国务院关于深入打好污染防治攻坚战的意见》，实现国家城市黑臭水体治理示范城市创建的要求，探索推进我市“厂-网-河”或“厂-网”（以下简称“厂-网-河”）一体化运维模式，提升城市排水设施运营管理水平，结合我市实际，制定本指导意见（试行）。

一、总体要求

（一）指导思想

以习近平新时代中国特色社会主义思想为指导，坚持生态优先、绿色发展理念，逐步提高排水设施专业化、精细化、信息化管养水平，实现排水设施统筹管理、科学调度、流域“厂-网-河”一体化运维，提升城市污染防治能力，让人民群众拥有更多的获得感和幸福感。

（二）基本原则

责任明晰、有序推进。明确运营管理单位，建立健全台账清单，做到清单明确、责任明确、节点明确、统筹有序。

统筹规划，突出重点。重点推动病害治理、黑臭水体整治相关的整治、协同推进排水调度系统建设等工作。

3

图 2-24

**关于建立健全青岛市“厂－网－河”或“厂－网”一体化运维模式的指导意见（试行）的通知**

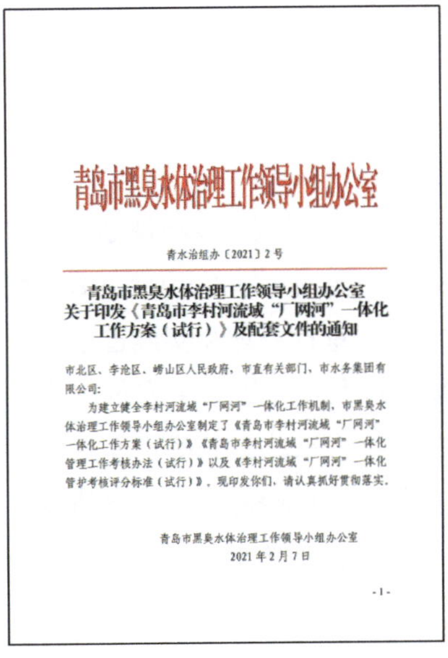

青岛市黑臭水体治理工作领导小组办公室

青水治组办〔2021〕2号

青岛市黑臭水体治理工作领导小组办公室
关于印发《青岛市李村河流域“厂网河”一体化工作方案（试行）》及配套文件的通知

市北区、李沧区、崂山区人民政府，市直有关部门，市水务集团有限公司：

为建立健全李村河流域“厂网河”一体化工作机制，市黑臭水体治理工作领导小组办公室制定了《青岛市李村河流域“厂网河”一体化工作方案（试行）》《青岛市李村河流域“厂网河”一体化管理工作考核办法（试行）》以及《李村河流域“厂网河”一体化管护考核评分标准（试行）》，现印发你们，请认真抓好贯彻落实。

青岛市黑臭水体治理工作领导小组办公室
2021年2月7日

- 1 -

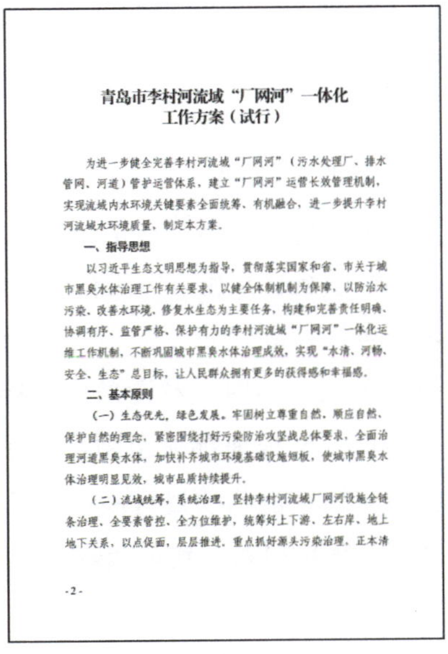

青岛市李村河流域“厂网河”一体化工作方案（试行）

为进一步健全完善李村河流域“厂网河”（污水处理厂、排水管网、河道）管护运营体系，建立“厂网河”运营长效管理机制，实现流域内水环境关键要素全面统筹、有机融合，进一步提升李村河流域水环境质量，制定本方案。

一、指导思想

以习近平生态文明思想为指导，贯彻落实国家和省、市关于城市黑臭水体治理工作有关要求，以健全体制机制为保障，以防治水污染、改善水环境、修复水生态为主要任务，构建和完善责任明确、协调有序、监管严格、保护有力的李村河流域“厂网河”一体化运维工作机制，不断巩固城市黑臭水体治理成效，实现“水清、河畅、安全、生态”总目标，让人民群众拥有更多的获得感和幸福感。

二、基本原则

（一）生态优先，绿色发展。牢固树立尊重自然、顺应自然、保护自然的理念，紧密围绕打好污染防治攻坚战总体要求，全面治理河道黑臭水体，加快补齐城市环境基础设施短板，使城市黑臭水体治理明显见效，城市品质持续提升。

（二）流域统筹，系统治理。坚持李村河流域厂网河设施全链条治理、全要素管控、全方位维护，统筹好上下游、左右岸、地上地下关系，以点促面，层层推进，重点抓好源头污染治理、正本清

- 2 -

图 2-25

**青岛市李村河流域“厂网河”一体化工作方案（试行）及配套文件的通知**

# 2.4　管控监测平台

### （1）平台基本情况

在吸取先进城市和海绵城市建设试点区实践经验的基础上，青岛市结合黑臭水体治理、管网提质增效等工作要求，建设了青岛市海绵城市及排水监测评估考核系统项目，以李村河流域143km² 区域为监测评估示范区，建立了一个"源头、过程、系统"全覆盖的区域在线监测示范体系，实现了管网、排水口、河道的全方位监测，统筹兼顾了海绵城市、黑臭水体和排水防涝等多方面的监测预警。

### （2）平台主要功能

平台综合运用云计算、大数据、地理信息系统、在线传感、物联网、互联网+、排水模型等先进技术和理念，通过在线监测、定期填报、系统集成等手段，集成基础下垫面、在线监测、定期检测、项目填报、指标计算等多源、多格式、多类型数据。平台共搭建了包括能力建设管理、项目建设管理、监测预警、公众服务监督、绩效考核管理、防涝预警应急管理等六大子系统，主要功能模块如下：

① 信息管理

利用地理信息技术和大数据管理，将海绵城市专项规划、详细规划、系统化实施方案进行系统化、数字化管理，实现全市海绵城市"多级规划一张图"。为"两证一书"审批办理和实施过程监管提供依据。同时，对青岛市海绵城市建设项目进行全方位的信息化管理，形成海绵城市项目电子档案和信息地图，使管理者能够实时掌握当前的项目进展情况，包括立项（备案）、初设（建设方案）及审批材料、建设成效、竣工验收、运营维护等建设全过程的资料。

② 排水监测

以实时监测数据为支撑，及时、定量发现排水管网、泵站、污水处理厂、排口、河道断面等存在的问题（如夜间偷排、雨污水混接等），提升城市管网运行效率，为"厂-网-河"一体化调度提供支撑。

③ 监测预警

对区域内所有监测点位的实时数据进行全景展示与数据查询、分析等，能够快速锁定水情异常的监测点，便于实时了解水情数据，掌握水情变化规律。系统还支持科学决策，可以全面把握信息，传递信息，为相关部门的决策提供最重要的信息。

④ 绩效考核

以监测和模型分析为基础，定量计算年径流总量控制率、面源污染物削减率等指标，有效提高海绵城市及排水工作的建设综合管理水平、科学决策水平。

⑤ 防汛应急

防汛应急包括指挥调度、应急事故管理、应急资源和险情预案模块。

⑥ 基础信息

实现基础信息的管理，包含设备的信息管理、监测点的信息管理、设施的信息管理、监测点与设备的关系、易涝点信息管理以及仓库管理等内容。

图 2-26

信息化管理平台

### （3）在线监测情况

李村河流域在线监测示范区共布设214台在线监测设备，包括流量计、水质监测仪、小型水质监测站以及视频监控，实现对污染源、排水管网主干管节点、排水口、排水设施以及河道监测。

**表2-3 李村河流域固定监测设备汇总表**

| 序号 | 监测内容 | 固定监测在线设备 | | | | |
|---|---|---|---|---|---|---|
| | | 流量计 | 水质监测仪 | 小型水质监测站 | 视频监控 | 雨量计 |
| 1 | 污染源监测 | 12 | 12 | 0 | — | 0 |
| 2 | 主干管节点监测 | 39 | 15 | 0 | — | 0 |
| 3 | 排口监测 | 41 | 29 | 0 | 20 | 4 |
| 4 | 排水设施监测 | 11 | 9 | 7 | — | 0 |
| 5 | 河道监测 | 3 | 3 | 3 | 6 | 0 |
| | 合计 | 106 | 68 | 10 | 26 | 4 |

同时，将青岛市海绵城市建设试点区166台设备监测数据进行整合，扩大监测评估范围。

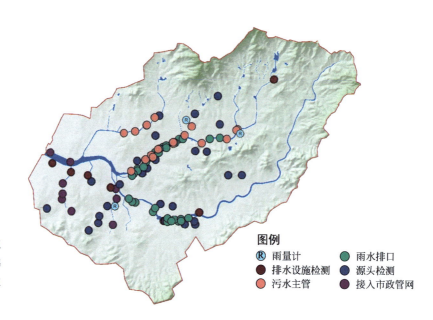

**图 2-27**

**海绵城市建设试点区、李村河流域海绵城市及排水监测点位分布图**

图例

Ⓡ 雨量计    ● 雨水排口

● 排水设施检测    ● 源头检测

● 污水主管    ● 接入市政管网

**（4）数据应用情况**

平台搭建完成后，根据部门职能，对市住房城乡建设局、市生态环境局、市水务管理局、市应急局均开放了平台查看权限。同时，市海绵城市领导小组办公室每周结合在线数据监测情况，对李村河流域监测示范区的降雨径流情况、雨水排口旱天出流情况、污水管网雨天入流入渗情况、污水管网节点监测情况等进行分析整理并形成监测周报发送给市水务管理局、监测示范区范围内行政区以及青岛市水务集团。排水管网权属单位根据监测周报结果及时开展排水管网问题排查。

## 2.5 加强培训宣传

### 2.5.1 加强技术培训部署

为贯彻落实国家和山东省关于城市黑臭水体治理工作决策部署，加快推进城市黑臭水体治理工作，2020年8月，青岛市黑臭水体治理工作领导小组办公室邀请住房和城乡建设部及城市黑臭水体督察专家开展政策解读和技术培训。市直单位、各区（市）有关部门160余人参加会议，青岛水务集团组织技术人员集中参与线上视频培训。会议中相关部门同志与专家深入交流，对工作中的疑难问题进行现场咨询和答疑，精准把握城市黑臭水体治理技术要点，会议取得良好效果，提高了城市黑臭水体建设管理人员思想认识和技术水平。

同时，针对2020年全国城市黑臭水体专项核查工作，11月，青岛市邀请专家对工作内容进行全面的技术培训。市生态环境局、市城市管理局、市水务管理局相关业务处负责同志及各区（市）城市黑臭水体治理行政主管部门负责人参加会议，全方位做好迎检工作部署，保障城市黑臭水体治理工作有序推进。

图 2-28

青岛市黑臭水体技术
培训会和工作部署会

## 2.5.2 壮大主流舆论宣传

　　青岛市采用网络、报纸、电视等多种渠道宣传黑臭水体治理效果，营造良好舆论氛围，全面促进青岛市黑臭水体治理示范城市创建，不断提升老百姓的获得感和幸福感。

　　李村河如今已成为市内最大的河道生态公园，治理经验受到广泛认可，生态环境部、住房和城乡建设部把李村河纳入全国第一批黑臭水体治理典型案例。以李村河治理为亮点，青岛市总结具有青岛特色的城市黑臭水体治理工作经验和建设案例，在青岛日报进行系列报道，形成"可复制、可推广"的经验。2020年7月，青岛日报以《治"黑"出硬招 碧水润岛城》为题，对城市黑臭水体治理工作进行报道；2021年3月，青岛日报刊登《李村河：12年"寻根式"治理溯源》，为北方大型缺水城市黑臭水体治理提供了新"范式"。

图 2-29

青岛日报刊文

　　在城市黑臭水体基本消除的基础上，青岛市着力打造水环境质量长效稳定提升的北方海滨丘陵型缺水城市水生态建设示范，推进多行政区、多水厂、全流域联动的"厂-网-河"一体化建设运营示范和全市统一共享海绵城市和排水监测管控平台建设示范等项目。

2018年10月，青岛市成功入选全国首批黑臭水体治理示范城市。2020年1月，生态环境部对李村河治理成效在官网进行了报道；同年11月，省住房城乡建设厅印发通知，推广青岛市城市黑臭水体治理经验做法。2021年2月，李村河流域治理工作入选生态环境部城市黑臭水体治理攻坚战宣传片；8月，被纳入住房和城乡建设部全国城市黑臭水体治理案例集。

图2-30

创建全国黑臭水体治理示范城市系列报道

在建设全过程和示范期间，通过齐鲁晚报、今日头条、腾讯、搜狐、网易等媒体平台多次开展"大力整治黑臭水体　我们在行动""补好一片水，'滋润'一座城""把脉李村河流域'毛细血管'问诊排水管网'顽疾'"等主题宣传，并制作"青岛加强整治黑臭水体　助力创建生态家园"动画视频在线上平台播放，巩固壮大主流舆论，获得良好宣传效果，进一步为青岛市生态文明建设营造良好氛围。

图 2-31

齐鲁晚报等网站宣传报道

图 2-32

"青岛加强整治黑臭水体　助力创建生态家园"宣传动画

### 2.5.3 鼓励公众参与监督

　　水生态文明建设是功在当代、利在千秋的事业，既需要政府主导投入，也需要社会各界广泛参与支持。青岛市相关部门召开两次新闻发布会，分别就青岛市城市黑臭水体治理示范城市创建情况及李村河流域水环境治理情况向广大市民朋友介绍工作推进情况、工作基本成效和下步工作举措。

　　通过新闻发布会的形式，广泛宣传，向市民朋友们发出自觉节水护水倡议，不乱排乱倒污水，关爱美丽河湖。同时，积极鼓励公众参与和保护监督，市区两级黑臭水体治理主管部门均向社会公开了投诉举报电话，主动接受群众监督，认真听取广大市民对李村河流域及河湖治理的意见建议。

图 2-33

青岛市城市黑臭水体
治理宣传画册

图 2-34

"世界水日"青岛市城
市黑臭水体宣传活动

# 2.6　强化科技支撑

为加强城市黑臭水体治理工作决策的科学性，青岛市多次邀请清华大学、中国海洋大学等专家把脉，开展李村河流域"厂－网－河"一体化研究、李村河流域水环境模型研究、非常规水资源综合利用研究等3项课题研究。充分借助专业外脑，聘请专业第三方技术服务单位，从黑臭水体治理规划、监测、制度等多方面、各环节、全过程提供技术支撑。

## 2.6.1　李村河流域"厂－网－河"一体化运营模式研究

### 2.6.1.1　研究目的

为实现李村河流域水环境质量的根本性、持续性好转，改变"界面分割、分头治理"的模式，逐步由元素治理进阶为过程治理，综合考虑了青岛市的实际情况和"厂-网-河"一体化运营的可实施性，开展了李村河流域"厂-网-河"一体化运营模式专题研究。

### 2.6.1.2　研究内容

#### （1）李村河流域"厂－网－河"运营现状分析

发现问题：通过资料收集、现场踏勘、调研、座谈等方式，梳理李村河流域内涉水要素的规划、建设、运行、维护、管理、监督、考核、付费等环节的现状情况，分析和识别存在的主要问题。

#### （2）排水设施运营模式及成功案例

分析问题：根据李村河流域存在的主要问题，通过调研国内排水设施运营的典型案例，分析总结厂、网、河运营的基本模式、问题与优势、适用条件，结合李村河流域特点，分析实施"厂-网-河"一体化运营的必要性与可行性。

### （3）构建李村河流域运营模式

解决问题：评估构建"厂-网-河"一体化运营模式的工程措施清单、政策与制度需求，制定分步实施的模式改革落地方案。探讨支撑"厂-网-河"一体化运营的工程及非工程措施，包括：明确实施范围、划分权责；梳理运营权移交工作清单；建立一体化运行管理的考核体系，明确考核内容、考核流程，初拟考核指标清单；搭建基于一体化运营模式下的智慧排水管理平台。

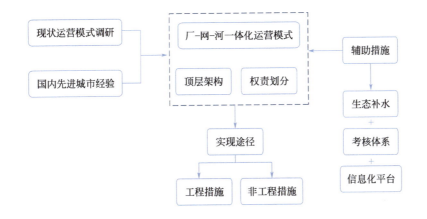

**图2-35**
**李村河流域厂－网－河一体化运营模式研究技术路线**

### 2.6.1.3 研究成果

"厂-网-河"一体化运营模式，是基于雨污水收集、处理、回用、河道设施连接联通、互相影响、相互联动的内在特性和规律，推行和扩大流域治理，对河道采取海绵化技术改造，同厂网设施一体化运营，以再生水补充河道，使厂网河形成循环的运行系统。

通过对李村河流域"厂-网-河"运营现状进行深入分析，梳理、借鉴国内先进排水设施运营模式及成功案例，评估构建了"厂-网-河"一体化运营模式的工程措施清单、政策与制度需求。采用控源截污、内源治理、生态修复、活水保质的综合措施手段，构建了污水厂、排水设施、河道的一体化运营机制。结合流域特点，利用现有资源，搭建李村河流域智慧排水管理平台，逐步实现水务管理的可视化、智慧化，满足黑臭水体示范城市的建设要求。

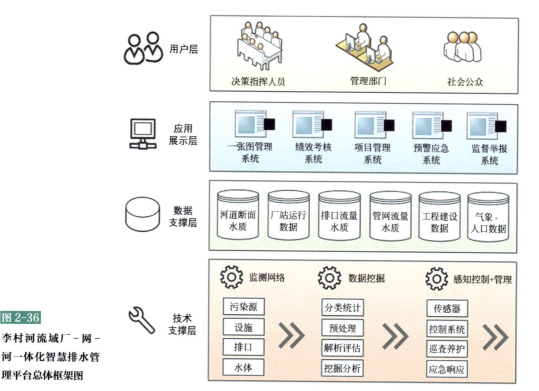

图 2-36
**李村河流域厂－网－河一体化智慧排水管理平台总体框架图**

　　"厂-网-河"一体化运营模式通过统一管理、科学调度，实现流域点、线、面全方位监管，进一步提高流域水环境管理水平，推动实现青岛市排水系统稳定、安全、高效运转。

## 2.6.2 李村河水环境数学模型研究

### 2.6.2.1 研究目的

　　河流水质模型是河流水环境规划和管理，进行沿岸污染物排放总量控制的重要工具。为了解李村河生态补水对河流水质水量过程的影响，以及降雨情形下河道的水质变化规律，建立了青岛市李村河小流域及河道的水量和水质模型。

### 2.6.2.2 研究内容

　　运用城市暴雨径流模型 SWMM 和流体力学代码（EFDC）两个

模型，采用单向耦合方式，即SWMM为河流模型EFDC提供河流断面径流和水质输入条件，以此研究再生水补充李村河水质变化规律。通过数学模型模拟工程项目实施前后河道内COD、氨氮、TP等水质指标的变化规律，分析计算大、中、小雨后降雨对河道水质状况的影响，探究不同降雨对面源的污染物冲刷情况及水质恢复的时间。

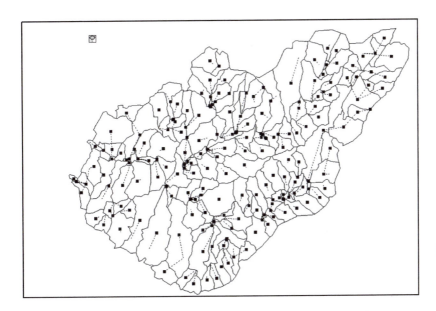

图 2-37
SWMM 模型子流域分布

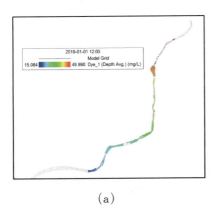

(a)

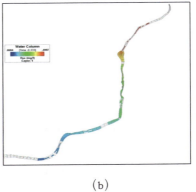

(b)

图 2-38
生态补水情形上游河道 COD 浓度（a）、氨氮浓度（b）分布图

### 2.6.2.3 研究成果

基于SWMM模型建立了李村河小流域的城市暴雨径流模型，

再现李村河流域降雨径流及面源污染过程，为河流水质模型提供流域水质和水文边界；基于EFDC模型建立了李村河、张村河河道水质模型，分析在枯水期生态补水及不同降雨强度情形下的河道水质变化过程。

根据李村河流域2019年全年的实际降雨量数据，模拟了径流形成的面源，全年形成的面源污染通量COD为3157.1t/a，氨氮为75.2t/a，总磷为9.91t/a，模拟结果较为符合李村河流域的实际情况，与通过经验公式估算的数值量值相当，可为李村河生态补水方案的制定提供参考。

### 2.6.3　非常规水资源综合利用研究

#### 2.6.3.1　研究目的

针对再生水在管网输配过程中常发生的水质变化问题，以及再生水回用于景观水体时常发生的水质劣化、生态退化、藻类滋生等问题，研究青岛市非常规水资源的特点，以期从控源截污、内源整治、生态修复、生态补水以及长效机制等方面提出有效建议，逐步提高河道水环境容量，消除水体黑臭现象。

#### 2.6.3.2　研究内容

探究李村河污水处理厂再生水在管网输配过程中的水质变化规律，再生水补给李村河后的水质变化规律、生态系统演替规律、景观效果提升规律。同时，分析现阶段国内雨水收集利用现状以及青岛雨水利用模式，有针对性地提出李村河河道管理、再生水补给优化策略。通过探究新型厌氧区嵌入型人工湿地对再生水中氮磷的去除规律以及沉水植物强化吸收氮磷的过程，构建李村河流域的非常规水资源补给后的水质维持与提升技术。

#### 2.6.3.3　研究结果

结果表明，通过加大李村河再生水补水量、优化补水位置，可

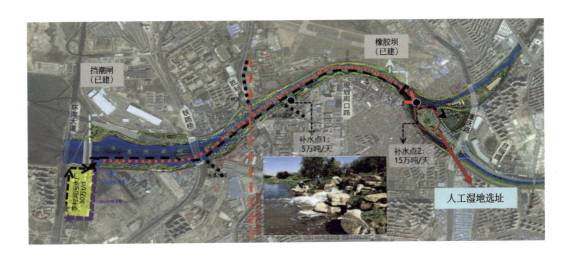

恢复李村河生态流速。加强以水生植物为主体的河流生态系统修复，选择具有如食用、药用、可用作饲料、香料、生物能源等多种利用途径的水生植物进行生态修复，既能净化水体，又能产生经济效益，并避免水生植物在水体中自然腐烂而引发的二次污染。

**图 2-39**
人工湿地示范工程选址

| 生活型 | 环境适应性 | 生长特性 | 生物活性 | 净化能力 | 资源利用潜力 |
|---|---|---|---|---|---|
| ● 挺水植物<br>● 浮叶植物<br>● 漂浮植物<br>● 沉水植物 | ● 光照<br>● 水深<br>▷ 浅水种<br>▷ 深水种<br>● 水温<br>▷ 耐低温种<br>▷ 常温种<br>▷ 耐高温种<br>● pH<br>▷ 耐酸种<br>▷ 中性种<br>▷ 耐碱种<br>● 营养盐<br>▷ 清洁种<br>▷ 耐营养种 | ● 生物量<br>● 生长速率<br>● 氮磷储量 | ● 抑制生物生长能力<br>▷ 抑藻能力<br>▷ 抑菌能力<br>● 促进生物生长能力<br>▷ 微生物附着生长能力 | ● 提高水体溶氧能力<br>● 氮磷营养盐去除能力<br>● COD去除能力<br>● 重金属去除能力<br>● 新兴污染物去除能力 | ● 食用<br>● 药用<br>● 其他利用<br>▷ 饲料<br>▷ 肥料<br>▷ 染料<br>▷ 生物炭<br>▷ 生产能源<br>▷ 造纸<br>▷ 编织工艺品 |

**图 2-40**
水生态修复与水体水质净化植物优选指标体系

同时，新型的厌氧区嵌入型人工湿地系统可在湿地内部有效构建独立的好氧区和厌氧区，强化对氨氮和硝氮的去除，强化削减再生水中TN的含量，可长效维持景观回用后的李村河流域水质。研究形成了一套以新型人工湿地系统为主、堵塞测定与修复为辅的人工湿地长效提质技术，为全面加强节水型社会建设，解决青岛市水资源短缺现状提供了新思路。

# 3 青岛黑臭水体治理的技术路径

# 3.1 整体方案

## 3.1.1 治理思路

2016年以来，青岛市委、市政府深入贯彻和全面落实党中央关于水环境保护和水污染防治的各项决策部署，坚持生态优先，绿色发展，紧密围绕打好污染防治攻坚战的总体要求，加快补齐城市环境基础设施短板，开展城市黑臭水体治理工作，以目标为导向，以问题为抓手，以流域为治理单元，水岸兼治、表里兼顾。以本底调查为基础，精准识别流域问题，科学制定系统方案，为水环境综合治理工作开对"药方"，转变局部化、零散化的传统治理思路。系统推进海绵城市建设、城市黑臭水体治理、污水处理提质增效各项工作。

在技术层面，大力实施雨污分流，全力补齐基础设施短板、推进全要素系统化治理，围绕"控源截污、内源治理、生态修复、活水保质"的治理思路，实施31项黑臭水体治理项目，涵盖管网建设、河道清淤、生态治理、河道补水、能力建设等工程类型。

在管理层面，立足于"长制久清"，以河长制为统领，强化排水联合执法，河道精细化管养，纳入绩效考核体系，构建海绵城市和排水监测管控平台，提供智慧化、科学化管理保障。

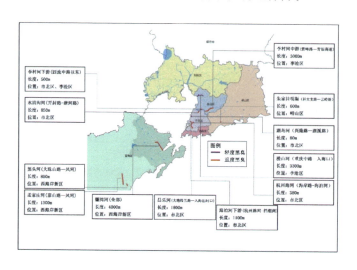

图 3-1

青岛市城市黑臭水体
流域分布图

### 3.1.2 治理目标

#### 3.1.2.1 总体目标

融合海绵城市建设理念，结合城市品质提升和发展方式转变，建设"蓝绿交织、水城共融、清新明亮"的"美丽青岛"，恢复"水清岸绿、鱼翔浅底"的景象，通过防洪排涝、水质保护、亲水生态的综合整治，实现河畅堤固、清水绿岸、景美人和的城区水系治理目标，打造中国北方大型、特大型城市生态、绿色发展的"四个示范"。

① 水环境质量长效稳定提升示范。

② 北方海滨丘陵型缺水城市生态水系建设示范。

③ 多行政区、多水厂、多河道联动的厂网河一体化建设运营示范。

④ 全市统一共享的排水监测管控平台建设示范。

#### 3.1.2.2 分项目标

**（1）实施效果方面**

① 建成区内全部黑臭水体消除，居民满意度不低于90%；水面无大面积漂浮物，无大面积翻泥。

② 根据《城市黑臭水体治理工作指南》的方法、频次确定并固定监测点位，定期开展水质监测，晴天或小雨时水体水质必须达标，中雨停止2天、大雨停止3天后水质达标。

③ 不少于30%的河段长度（或不少于3km）达到"水清岸绿、鱼翔浅底"的要求。

④ 污水处理厂进水$BOD_5$浓度不低于100mg/L。

**（2）工程措施方面**

完成申报实施方案确定的各项工程建设任务，且满足以下要求：

① 建立较为完善的城镇污水收集处理设施。实现旱天无生活

污水直排，城市污水处理系统效能进一步提升；城中村、老旧城区、城乡接合部管网及污水处理设施建设完成，基本消除排水管网空白。

②生活垃圾清运、处置体系有效建立。垃圾转运站、收运车辆、处置场有效运转、台账清晰；完成城市水体蓝线范围内非正规垃圾堆放点的清理，不得出现正规垃圾堆放点超范围堆放，河（湖、库）岸不存在随意堆放的垃圾。

### （3）长效机制方面

建立并实施黑臭水体整治工作相关的14项工作机制、管理机制，并鼓励因地制宜创新更多机制。

### 3.1.2.3 控制指标

根据青岛市城市实际确定指标体系，从指标体系中确定各项指标的子系统的考核指标值，在此基础上实现全流域目标。

**表3-1　青岛市城市黑臭水体治理示范城市指标表**

| 类别 | 指标 | | 指标要求 |
|---|---|---|---|
| 黑臭水体 | 数量（个） | | 12 |
| | 面积（km²） | | 0.93 |
| | 长度（km） | | 17.7 |
| 治理效果 | 群众满意度 | 要求 | ≥90% |
| | | 个数（个） | 12 |
| | | 长度（km） | 17.7 |
| | 水质指标 | 要求 | 透明度、溶解氧、氧化还原电位、氨氮4项指标达标 |
| | | 透明度（cm） | ≥25 |
| | | 溶解氧（mg/L） | ≥2 |
| | | 氧化还原电位（mV） | ≥50 |

续表

| 类别 | 指标 | | 指标要求 |
|---|---|---|---|
| 治理效果 | 水质指标 | 氨氮（mg/L） | ＜ 8 |
| | | 个数（个） | 12 |
| | | 长度（km） | 17.7 |
| | 达到"水清岸绿、鱼翔浅底"的河（湖）段 | 个数（个） | 2 |
| | | 长度（km） | 3.5 |
| 建立长效机制 | 河长制、湖长制 | | 按国家有关要求建立并落实责任 |
| | 黑臭水体治理纳入政府绩效考核体系 | | 建立健全，有实施记录 |
| | 排水许可、排污许可管理 | | 有发证记录，基本掌握排污户、排水户水质水量等情况 |
| | 市政管网私搭乱接溯源执法机制 | | 建立制度，不定期开展执法检查，有执法记录 |
| | 工程质量监管机制 | | 建立健全并有效执行，能有效保障管材、施工等质量 |
| | 污水收集处理设施建设用地保障机制 | | 在城市规划中保障、预留相关设施建设用地 |
| | "厂－网－河（湖）"一体化、专业化运行维护机制 | | 有明确的一体化运维单位和相应的责任制 |
| | 生活污水收集管网权属普查和登记造册机制及信息系统建设 | | 形成信息平台并实际使用，不断更新数据 |
| | 水体及各类治污设施日常维护管理主体责任制度 | | 有明确的责任主体，职责分工明确 |
| | 黑臭水体定期监测评估、信息公开、公众举报及反馈机制 | | 建立健全，有实施记录 |
| | 排水管网接入管理和服务机制 | | 建立健全，有实施记录 |
| | 排污口定期监测机制 | | 建立健全，有法定效力的监测数据 |
| | 河岸垃圾及河面漂浮物的收集（打捞）、转运机制 | | 建立并实施，有明确的队伍和工作制度 |
| | 统筹黑臭水体、海绵城市、地下综合管廊及生活垃圾治理工作 | | 建立健全 |

### 3.1.3 技术路线

青岛市坚持全流域系统治理的理念，岸上治污为本、岸下理水为标、岸上岸下统筹实现标本兼治，主要概括为以下几个方面。

① 优化污水设施布局，提升污水处理效能；

② 消灭污水直排排口，全面控制点源污染；

③ 践行海绵城市理念，管网排查修复分流；

④ 河道淤积清淤疏浚，完善垃圾转运体系；

⑤ 增加再生水源补水，恢复河道生态功能；

⑥ 完善长效管理机制，实现河道"长制久清"。

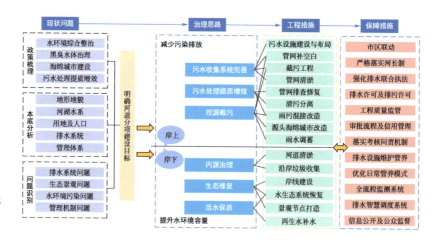

图 3-2
青岛市城市黑臭水体
治理技术路线图

## 3.2　典型流域治理方案

### 3.2.1 李村河流域

#### 3.2.1.1 基本情况

**（1）地理位置**

李村河流域位于青岛市区中北部，包括了李沧区南部及东部地区、崂山区中心区北部地区、规划科技城区域及四方区北部地区，流域跨越李沧区、崂山区和市北区，流域总面积为 $143km^2$，流域主要由李村河、张村河、大村河、水清沟河等河流组成，水系总长约50km，其中干流长度约17km。

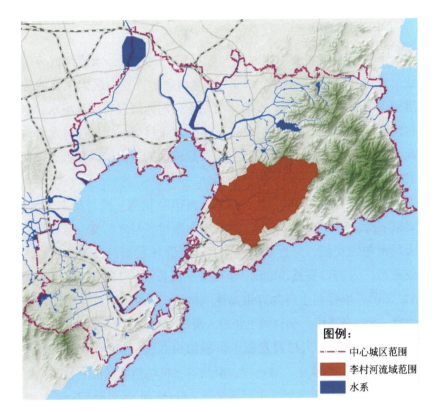

图例：
— · — · 中心城区范围
██ 李村河流域范围
██ 水系

图 3-3
李村河流域区位图

### （2）地形地貌

李村河流域内有老虎山、华楼山、枣山及李村河、大村河等水系，属于半丘陵半山地区域，整体地势东北高西南低，靠近老虎山处地势变化较大，坡度基本在5%以上，其他区域地势较平坦，坡度基本在1%～5%之间。

### （3）地质水文

区域内侵蚀堆积缓坡～洪冲积平原地貌单元见有第四系孔隙潜水，主要赋存于砂土中；剥蚀斜坡～剥蚀堆积缓坡地貌见有基岩裂隙水，基岩裂隙水在场区主要以似层状、带状赋存于基岩强风化带、岩脉旁侧裂隙密集发育带中，由于裂隙发育不均匀，其富水性亦不均匀，二者接受大气降水及沿线附近河道补给，有一定水力联系。区域内稳定地下水位埋深在0.90~7.40m，根据区域调查资料，地下水位年变幅1~2m。

### （4）河道情况

李村河流域主要由李村河、张村河、大村河、水清沟河等组成，流域总面积143km²，每年7~9月雨季时，是市区内主要的泄洪通道，雨季河水满流，冬春季节枯水，河床底仅有少量流水。李村河流域分为6个子流域，其主要支流为张村河、大村河与水清沟河，李村河按照流域内行政区划以及建成区的状况，以青银高速和君峰路为界进行上、中、下游的划分。

① 李村河　李村河源于石门山南侧卧龙沟，流经毕家上流、姜家下河、王家下河、李村，在阎家山张村河与之汇流，至胜利桥大村河与之交汇，穿过胶济铁路桥，下穿环胶州湾高速公路汇入胶州湾。入海口宽度300m。李村河干流长度约17km，流域面积52.3km²。李村河上游为青银高速~毕家水库段，李村河中游为君峰路~青银高速段，李村河下游为入海口~君峰路段。

② 大村河　大村河发源于卧狼齿山西侧，流经上、下王埠，东、西大村，西流庄，晓翁村，沿沧口飞机场西墙在胜利桥东侧汇入李村河，桃源水库以下主河道全长7.4km，汇水面积17km²。

③ 张村河　张村河源于崂山区北宅雾露顶和东南的莲花北山诸山涧之水。流经洪园、沟崖，至北龙口，经南龙口，入中韩镇，经牟家、枯桃、张村、汇老鸦岭南侧及午山北流之水汇流，经西蒀入河东，向西北至阎家山汇入李村河。上游为山岭地带，下游为冲积平原。干流全长20.14km，汇水面积66.6km²，除汛期外，冬春季基本无水，系季节河。

④ 水清沟河　水清沟河发源于嘉定山之北与双山之西及孤山范围内。干流流经清江路、南昌路、萍乡路、四流南路、大沙路、开平路、开封路和唐河路，终汇入李村河。河道全长5.56km，汇水面积7km²，是北岭山、嘉定山北坡，南昌路、周口路以西，四流南路一带的主要排水防汛泄洪道。

表3-2　李村河流域主要河道信息统计表

| 河道名称 | 流域面积 /km² | 河长 /km | 河道宽度 /m |
|---|---|---|---|
| 李村河上游 | 36.4 | 8.6 | 80～240 |
| 李村河中游 | 7.4 | 3.0 | 100～280 |
| 李村河下游 | 9.5 | 5.4 | 120～300 |
| 大村河 | 17 | 7.4 | 18～30 |
| 张村河 | 66.6 | 20.14 | 55~107 |
| 水清沟河 | 7 | 5.56 | 11~32 |

### （5）黑臭情况

李村河流域内目前的黑臭河段主要为3段，分别为：李村河中游（君峰路-青银高速）段、李村河下游（四流中路以东）段、水清沟河（开封路-唐河路）段。

表3-3　李村河流域主要河道信息统计表

| 序号 | 黑臭水体名称 | 黑臭长度 | 整治前黑臭程度 | 整治情况 |
|---|---|---|---|---|
| 1 | 李村河中游（君峰路-青银高速） | 2941m | 轻度黑臭 | 已整治，新建、翻建临时截污措施上游楼院排水管网，取消临时措施，河道生态修复 |
| 2 | 李村河下游（四流中路以东） | 614m | 轻度黑臭 | 已整治，新建污水管线，河道垃圾清理及平整、暗渠清淤等 |
| 3 | 水清沟河（开封路－唐河路） | 824m | 轻度黑臭 | 已整治，河道及建筑整治工程清淤 |

**李村河流域黑臭水体图**

### 3.2.1.2 问题及成因

#### （1）污水厂处理能力不足

根据人口测算，2017年李村河流域的生活污水产生量约为 26.21万 $m^3$/d；同时，李村河流域进行了大规模的截污工程，特别是城中村范围内排水口都进行了末端截污，造成雨季李村河污水处理厂进水量随之大幅提高。流域内共李村河污水处理厂、世园会水质净化厂2座污水处理厂，总处理规模为25.60万 $m^3$/d，污水处理规模不足以处理现状生活污水处理需求。

#### （2）污水直排污染严重

整治前流域内存在污水直排口，污水直排入河对水体环境造成冲击。李村河流域共有9个污水直排口，主要分布在沿河的城中村区域，年污水排放量约112万 $m^3$/d。部分流域流经村庄或城中村，市政排水管网建设落后、不完善，生活污水混入雨水沿街边沟或盖板渠汇入河道。

图 3-5

李村河流域城中村分布情况

### （3）雨污混接严重

李村河流域整体为雨污分流制，但仍存在雨污混接情况，主要体现在三个方面：一是存在大量雨污混接管道直排的现象，全域共计73个雨污混接直排口；二是混接溢流污染严重，原因是污水厂处理能力不足及大量临时截污措施的雨季溢流；三是存在雨水接入污水现象，如大村河岸河旱季仍有每天1500m³的流量。

### （4）面源污染控制欠缺

随城市开发建设，地面硬化比例较高，初期雨水冲刷地面污染物未经控制直排入河。流域内存在雨污混接情况，临时截污措施效果较差，溢流污染严重。

### （5）底泥内源污染

河道内存在垃圾堆放及底泥沉积现象，在生活配套基础设施不完善的村庄、城中村尤为严重。同时，李村河中游段李村大集位于河道内，产生大量污水、垃圾，造成河道水质恶化。

**图 3-6**
**河道垃圾堆放情况**

### （6）水环境容量不足

李村河流域内河流多为季节性河流，河道补水来源于自然降雨，河道内缺乏生态基流，水体自净能力差。

### 3.2.1.3 治理目标

2018年，青岛市人民政府办公厅印发《李村河流域水环境治理工作方案》，明确提出提高河道环境容量，消除水体黑臭现象，实现李村河国控断面稳定达标，将李村河、张村河由功能单一的季节性行洪河道，打造成"常年有水、水清岸绿"，集休闲健身、生态调节等功能于一体的生态景观廊道，改善中心城区人居环境，不断增强人民群众的获得感、幸福感，实现生态效益、经济效益和社会效益相统一。

### 3.2.1.4 技术路线

首先统筹谋划污水处理厂（水质净化厂）、配套泵站整体布局；其次以环境容量为核心，以排口为重点，融合海绵城市理念，建设雨污分流、污水收集、内源治理、垃圾清运、活水保质、生态修复等工程体系，完成李村河流域综合治理方案；第三，逐步将全流域与河道水环境相关的相关资产统一由特许经营方运维，实现权责统一的"厂-网-河"一体化运管模式；最后，建立以河道断面水质监测为重点、排口、污水干线、建筑小区监测等为辅助，水利、环保、建设、城管和特许经营方统一共享的监测管理平台，为公众反馈、运行管理和绩效考核提供支撑。其主要路径可以概括为：

① 优化处理设施布局，提升污水处理能力；

② 结合棚户改造实施，消灭直排污水排口；

③ 践行海绵城市理念，实施真正雨污分流；

④ 清运河道淤积污泥，完善垃圾清运体系；

⑤ 充分利用中水资源，恢复河道生态功能；

⑥ "厂-网-河一体化"运管，实现河道长制久清。

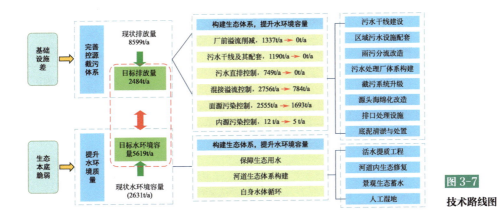

图 3-7　技术路线图

### 3.2.1.5 具体措施

**（1）污水处理厂及设施布局优化**

根据流域内人口和建设用地增长情况，确定污水处理规模，按照充分利用现有设施，切实可行，节能减排、节约投资，近远期相结合的原则，优化污水处理厂、污水设施布局。

表3-4　李村河流域污水收集处理措施格局

| 类别 | 序号 | 设施名称 | 现状规模/（万m³/d） | 2020年规模/（万m³/d） | 2030年规模/（万m³/d） | 备注 |
|---|---|---|---|---|---|---|
| 污水处理厂 | 1 | 李村河污水处理厂 | 25.0 | 30.0 | 30.0 | 扩建、提标 |
| | 2 | 张村河水质净化厂 | — | 4.0 | 10.0 | 新建 |
| | 3 | 世园会水质净化厂 | 0.6 | 0.6 | 0.6 | 保留现状 |

续表

| 类别 | 序号 | 设施名称 | 现状规模 /（万 m³/d） | 2020 年规模 /（万 m³/d） | 2030 年规模 /（万 m³/d） | 备注 |
|------|------|----------|----------|----------|----------|------|
| 污水处理厂 | | 小计 | 25.6 | 34.6 | 45.6 | |
| 污水泵站 | 1 | 世园会污水泵站 | — | 0.6 | 0.6 | 新建 |
| | 2 | 唐河路泵站 | 5.0 | 5.0 | 5.0 | 保留现状 |
| | 3 | 郑州路泵站 | 1.0 | 1.0 | 1.0 | 保留现状 |
| | 4 | 沧台路泵站 | 1.5 | 1.5 | 1.5 | 保留现状 |
| | 5 | 洛东小区泵站 | 0.55 | 0.55 | 0.55 | 保留现状 |

**图 3-8**
**李村河污水收集与处理设施近期（2020 年）布局图**

① 世园会污水泵站　新建世园会污水泵站及配套污水管道，规模 0.5 万 m³/d，将下游污水提升至世园会水质净化厂处理。处理后再生水回补李村河上游。

② 张村河水质净化厂　在青银高速与张村河交口西侧，张村河北岸设置一处水质净化厂。计划一期4万m³/d，出水水质主要指标达到地表水Ⅴ类水标准。

③ 李村河污水处理厂提标改造工程　李村河污水处理厂扩建至30万m³/d，出水水质主要指标达到地表水Ⅳ类水标准。

### （2）控源截污

控源截污以流域水环境承载力为核心，以排口为治理单位，统筹源头、过程、末端系统性关系，因口施策制定排口治理策略，优先突出源头控制。李村河流域内排水口类型包括分流制雨污混接截流溢流口、分流制雨水口、沿河居民排水口3类，各类型排口治理策略如下：

针对分流制截流溢流排放口，通过系统摸排流域内污染点源、雨污混接排污口、管网建设情况等，开展排水管网建设、管网末端截流、雨污分流改造、违法排污整治等措施，实现污水应接尽接。

针对沿河居民排水口，结合市政管网配套情况，建设污水管网或分散污水处理设施，杜绝污水直排入河。

针对分流制雨水口，结合源头改造条件，实施源头海绵化改造或建设末端净化设施。

针对污水管线破损或冒溢的情况，结合管线破损、淤堵情况，实施翻建。

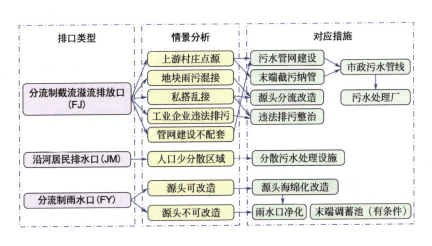

**图3-9**

**青岛市李村河流域黑臭水体各类型排口治理策略图**

### （3）内源治理

河道清淤是保证河道畅通，提高河道泄洪能力，消除多年沉积的河道内源污染的主要措施。清淤首先应满足消除黑臭的要求，其次应考虑河道行洪以及现有驳岸稳定性的要求；根据现状淤积情况，明确清淤河段；保证淤泥的妥善处置，避免二次污染转移。依托城市现有垃圾收集转运处理体系，完善河岸垃圾清运体系，建设沿岸垃圾收集点，定期打捞河道漂浮物，及时转运处理。

① 河道清淤　为恢复河道自净及行洪能力，对李村河、张村河、大村河以及水清沟河开展河道清淤，包括河道内乱搭乱建违章设施及生活、建筑垃圾等，减少内源污染。河道清淤以保障河道防洪安全前提下，与后续景观工程相结合，避免重复投资。

表3-5　李村河流域内源治理情况统计表

| 河段 | 长度/km | 平均宽度/m | 平均清淤深度/m | 清淤量/（万 m³） |
|---|---|---|---|---|
| 李村河中游 | 3 | 60 | 40～70 | 19.36 |
| 李村河下游 | 4.02 | 215 | 60～120 | 79.85 |
| 张村河 | 5.52 | 67.4 | 50～80 | 11.41 |
| 大村河 | 7.4 | 24 | 30～100 | 14.07 |
| 水清沟河中下游 | 2.78 | 20 | 30～70 | 1.6 |
| 总计 | 22.72 | — | — | 126.29 |

② 城市生活垃圾处理　根据河长制的相关要求，由河道养护部门制定岸线垃圾清理和河道漂浮物打捞方案，在进行河道巡查和养护的同时，及时发现和记录河道垃圾和漂浮物，定期对岸线垃圾进行清理，对河道漂浮物进行打捞，确保河道两岸及河床内清洁、无垃圾。

### （4）生态修复

河道边坡生态修复，通过扩大水面和绿地面积、设置生物的生长区域、设置水边景观设施、采用天然材料的多孔性构造等措施实现河道生态驳岸的建设；通过水生动植物恢复、微生物配置保持河道生物的多样性，构建河道水生态系统。根据河道现状分段分功能打造滨河景观，建设亲水平台，构建河道周边蓝绿交融空间。

① 堤岸生态修复

改造前河道为单一的行洪河道，驳岸生硬，城市道路界面与河道界面截然分离，无联系；植物品种也较为单一，生态性较为缺乏。结合河道岸线情况，对硬质护岸进行恢复、改造，近岸处辅以种植湿生、挺水植物群落，既丰富岸线景观，又起到净化水体的作用，提高岸线景观效果。

② 河道内生态修复

一是种植黄菖蒲、香蒲等抗性好、净化能力强的水生、湿生植物，形成生态湿地，促进水体的自然净化，恢复河道生态功能。

二是在不影响河道行洪的前提下河道内建造生态岛，最大限度丰富生境的多样性，为鸟类栖息繁衍创造条件。

三是利用设置的拦水坝，对河道进行生态蓄水，使河水形成自然水面和跌落，增加水体含氧量。补充水源为自然降水、上游水库补水及再生水厂的水源。

### （5）活水保质

结合河道的现状情况与再生水厂布局，通过再生水补充河道生态基流，增加河道水动力，维持正常的生态和景观功能，实现李村河流域内再生水利用的"生态耦联、梯级利用"。补水范围主要考虑河道的景观生态需求，感潮河段、部分工业区或纯交通区段以及过短的河段可不考虑补水。

① 李村河生态补水　李村河中下游以李村河污水处理厂的再生水为补水水源，新建DN800再生水管道约5.3km，补水规模5万m³/d，DN1200再生水管道约4.6km，补水规模15万m³/d；新建15万m³/d提水泵站，补水规模共20万m³/d。

② 大村河生态补水　近期以河道内蓄存水量作为循环水水源，将下游水体经"河道水处理设施"处理后，通过循环水泵输送到上游河道。

远期规划通过内源治理、生态修复等措施恢复河道生态蓄水空间，并以雨水、再生水作为补水水源。再生水水源为李村河污水厂及CSO调蓄池的再生水，通过沿河铺设管道，将再生水引至大村河与重庆路交会处，然后沿用近期建设管道对大村河上游进行生态补水。

## 3.2.2 海泊河流域

### 3.2.2.1 基本情况

**（1）地理位置**

海泊河流域是青岛市五大排水系统之一，海泊河发源于浮山西北麓的洪山坡，向西流经东吴家村，再折向西北流经市区入胶州湾，是市北区、四方区重要的行洪河道。流域面积约25km²，河道全长7.8km。流域内主要有海泊河、仲家洼河、小村庄河、杭州路河、昌乐河等。

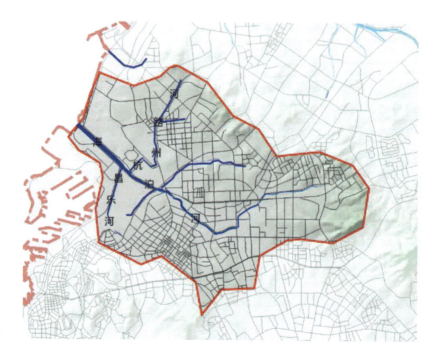

**图 3-10**

**海泊河流域平面位置图**

### （2）地形地貌

青岛市属华北地区一部分，断块构造支配着全市地貌发育，形成具有山地、丘陵、平原和滨海低地完整的地貌形态。全市呈东高西低，南北两侧隆起，中间低陷的地貌特征，其中山地占15.5%，丘陵占25.1%，平原占37.7%，洼地占21.7%。

### （3）地下水

区域富存地下水，地下水类型主要为第四系孔隙潜水～弱承压水，主要含水层为第一层杂填土层、第四层淤泥质粗砂层及第十二层含黏性土粗砂层，地下水稳定水位埋深1.30~2.80m，标高为1.45~1.83m。

### （4）河道情况

海泊河发源于浮山西北麓的洪山坡，向西流经东吴家村，再折向西北流经市区入胶州湾，是市北区、四方区重要的行洪河道。海泊河下游整治段从人民路至入海口，全长3632m，河道宽度25~100m，河道两侧绿化带宽度10~30m。其中黑臭水体主要位于下游，杭州路河至挡潮闸区段，黑臭水体长度约1.1km。

海泊河流域支流有昌乐路河、杭州路河及孟庄路河。其中昌乐路河未覆盖段为大港纬五路至海泊河，全长约1.9km，大港纬五路上游已全部覆盖；杭州路河为北岭至海泊河，全长3.2km，其中兴隆路上游及海岸路段已被覆盖；孟庄路河范围为营口路至海泊河，全长约1.8km，孟庄路东侧至上游已覆盖形成暗渠，孟庄路东侧至河道终端未覆盖。

### 3.2.2.2 问题及成因

### （1）生活污水直排污染大

流域内管网不完善、居民或企业私接、混接雨污水管网，造成的雨水排口晴天出流，或污水管网直排入河，对水体水质造成污染。

通过污染物计算，海泊河流域生活点源污染物排放量996.86t/a，其中污水直排562.73t/a，雨污混接434.13t/a。海泊河下游流域、杭州路河子流域的主要生活点源污染均为污水直排口，昌乐河流域的生活点源为雨污混接口。

### （2）面源污染负荷较重

城镇及村庄区域内有大量沿街餐饮、洗车等商户，日常还有夜间的临街大排档，这些用户产生大量污染直排雨水管道；汽车排放沉积在道路上的污染以及其他硬化下垫面产生的污染，随降雨进入河道。

基于现状下垫面污染物排放EMC浓度，计算海泊河流域面源污染COD入河量为356.73t/a，$NH_3$-N入河量为4.88t/a，TP入河量为0.55t/a。其中海泊河上游和下游流域面源污染产生量最多，占比41.98%，在各流域下垫面情况相差不大的情况下，原因是其流域面积较大，面源污染产生量相应较大。

### （3）底泥淤积情况严重

进入河流、湖泊中的营养物质通过各种物理、化学和生物作用，逐渐沉降至水体底质表层。积累在底泥表层的氮、磷营养物质，在一定的物理化学及环境条件下，从底泥中释放出来进入上覆水体，造成二次污染。通过分析计算，海泊河流域各黑臭河段黑臭原因如下：

① 海泊河下游（杭州路河-挡潮闸）　河道除了承接本流域面源污染和点源污染外，其上游河道支流污染物排放汇集加重了河道的污染程度，额外排放至下游的污染物COD量为526.43t/a，远大于其流域自身的污染量，且以点源排放为主要污染源。综合以上分析，造成海泊河下游水体黑臭的原因主要来自上游支流的污染物汇入，并以点源排放为主，来源为居民生活直排和混接。

② 昌乐河（大港纬五路-入海泊河口）　昌乐路河流域点源污染为主要污染源，以COD计，占比约86.6%。旱季时昌乐路河流域污染物主要以点源污染为主，占比约92.2%；雨季时昌乐路河流

域污染物主要以点源污染排放为主，占比为77.1%。因此，点源污染大量排放是导致其水体黑臭的主要原因

③ 杭州路河（海岸路-海泊河）　旱季时杭州路河流域污染物主要以点源为主，占比约81.8%；雨季时杭州路河流域污染物主要以点源和面源污染排放为主，占比分别为55%和44.8%。因此，晴天排口直排，雨天面源污染加剧是导致杭州路河水体黑臭的主要原因。

### 3.2.2.3 治理目标

流域内每条水体上、中、下游的4项指标（透明度、溶解氧、氧化还原电位、氨氮）分别取平均值达到不黑不臭的要求，功能和景观方面均有良好成效，基本实现"水清岸绿、鱼翔浅底"。

### 3.2.2.4 技术路线

为消除黑臭水体，解决水环境问题，拟通过控源截污、内源治理、生态修复、活水保质四个方面的工程达到提升水环境容量、杜绝点源直接排放、基本消除内源、最大程度削减面源等目标，最终实现水环境综合治理目标。

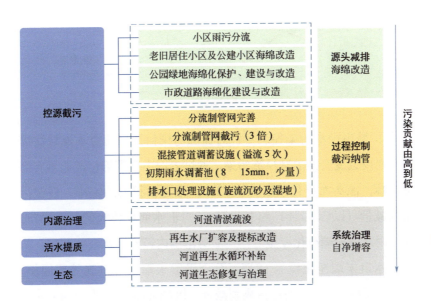

图 3-11
水环境综合治理技术路线图

### 3.2.2.5 具体措施

**（1）控源截污**

① 点源排放治理　通过对直排口追根溯源，对雨污混接口和污水直排口优先进行源头的雨污分流改造，实施条件较差的小区近期先临时将污水截流接入现有污水管网；对其周边排水管网进行配套改造建设，形成完整的雨污分流体系；同步加强执法管理，避免生活污水乱接乱排，通过溯源，海泊河流域内污水直排和雨污混接改造项目共22个。

**图 3-12**
**点源污染治理项目分布图**

② 城市径流污染控制　针对面源污染情况，结合本流域海绵城市建设进度安排削减径流污染。通过老旧小区海绵化改造落实海绵指标，源头海绵化改造地块22个，改造面积129.06ha，面源污染削减量（以COD计）约18.04t/a。对汇水面积较大的几个排口，新建雨水口末端净化设施对排口服务范围内径流污水进行削减，新建雨水口末端净化设施18座，分别设置末端净化设施处理规模，总服务面积487ha，面源污染削减量（以COD计）约为76.44t/a。

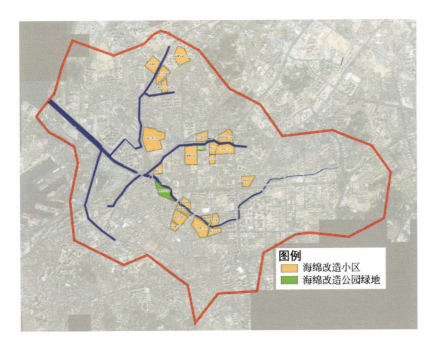

图 3-13
近期海绵建设区域图

图 3-14
末端排口设施布置图

## （2）内源治理

根据海泊河流域底泥淤积情况，制定河道清淤工程措施，共需清淤 14 万 m³，采用干塘清挖方式进行清淤，通过密封式淤泥运输车，沿指定运输通道运至底泥处置区域进行处理。底泥清淤能削减COD污染5.87t/a。

表3-6　海泊河流域淤泥淤积情况表

| 河道名称 | 清淤长度/m | 清淤深度/m | 工程量/万m³ | 河段分布 |
|---|---|---|---|---|
| 海泊河 | 1100 | 1.2 | 6 | 杭州路河－海泊河挡潮闸 |
| 昌乐河 | 2800 | 0.8~1.5 | 6 | 全河道 |
| 杭州路河 | 380 | 0.6 | 2 | 海岸路－海泊河河段 |
| 合计 | 4280 | — | 14 | — |

**图 3-15**

**清淤项目分布图**

图例 ▬▬ 清淤河段

## 3.2.3 楼山河流域

### 3.2.3.1 基本情况

**（1）地理位置**

楼山河流域位于李沧区北部，胶州湾西岸，包括楼山后河、楼山河、刘家宋戈庄河三大支流，这三大支流构成楼山河系。流域全长14.79km，汇水面积29.73km²。

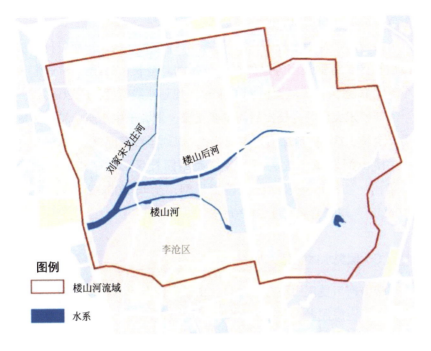

图 3-16
**楼山河流域示意图**

### （2）地形地貌

楼山河流域东起老虎山，西入胶州湾，南临坊子街山、楼山、烟墩山，北邻白沙河。流域内地势东高西低，南高北低。东南部属于低山丘陵地貌，靠近老虎山、楼山处地势变化较大，坡度基本在5%以上。中西部区域地势较平坦。

### （3）地下水

区域内侵蚀堆积缓坡~洪冲积平原地貌单元见有第四系孔隙潜水，主要赋存于砂土中；剥蚀斜坡~剥蚀堆积缓坡地貌见有基岩裂隙水，基岩裂隙水在场区主要以似层状、带状赋存于基岩强风化带、岩脉旁侧裂隙密集发育带中，由于裂隙发育不均匀，其富水性亦不均匀，二者接受大气降水及沿线附近河道补给，有一定水力联系。区域内稳定地下水位埋深在0.90~7.40m，根据区域调查资料，地下水位年变幅1~2m，地下水位以上土层属强透水层。

### （4）河道情况

楼山河流域主要河道，由楼山后河、楼山河、刘家宋戈庄河等组成，流域面积约30km$^2$。

楼山后河发源于丹山、围子山，流经湾头社区、东南渠村、楼山后社区、青钢集团等最终汇入胶州湾，全长6.64km，沿途汇大小支流10余条，流域面积21.06km$^2$，规划蓝线宽度20~120m。

刘家宋戈庄河为楼山后河主要支流，发源于牛王庙山和湾头货场，全长3.1km，流域面积4.13km$^2$，规划蓝线宽度20 ~ 30m。

楼山河发源于虎头石，流经大枣园社区、坊子街、红星化工集团、油漆厂等最终汇入楼山后河，全长5.05km，流域面积4.54km$^2$，规划蓝线宽度20~30m。

### （5）黑臭水体情况

楼山河（重庆中路-入海口），由于沿河两岸存在多处污染点源污染、河道底泥淤积等原因，整治前为重度黑臭水体，黑臭水体长度约3.3km。其他河道不存在水体黑臭问题。

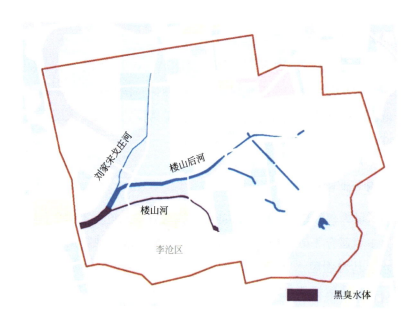

**图 3-17**

楼山河（重庆中路 – 入海口）黑臭水体示意图

## 3.2.3.2 问题及成因

### （1）工业直排污染量大

楼山河两岸现状为李沧区老工业区，沿线共5处工业企业点源直排口。工业污水年排放量约38.5万m³。

根据排口监测水质水量分析，楼山河沿线工业点源排放量COD为366.1t/a，NH₃-N为22.9t/a，TP为3.6t/a，均集中在楼山河流域。

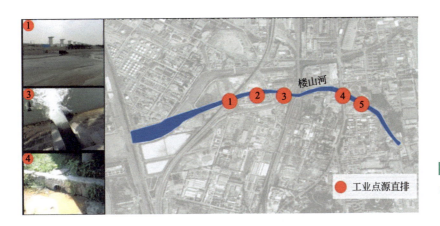

图 3-18
楼山河沿线工业点源
分布情况图

### （2）生活污水直排及雨季溢流量大

楼山河流域内生活点源来自污水直排口、混流直排口、混接溢流口3类排口的污水排放。各子流域生活点源分布及排口监测流量如下表所示。

表3-7　楼山河流域部分排污口监测数据表

| 子流域 | 排口 | 排口类型 | 排水量 /（m³/d） | COD /（mg/L） | NH₃-N /（mg/L） | TP /（mg/L） |
|---|---|---|---|---|---|---|
| 楼山后河 | 5 | 混接溢流 | 3500 | 216.00 | 21.20 | 2.58 |
| | 10 | 混接直排 | 44 | 79.20 | 0.16 | 0.05 |
| 楼山河 | 4 | 污水直排 | 2193 | 349.00 | 32.80 | 4.54 |

注：排水量为本排口多日监测数据的平均值，水质为子流域内同类型排口采样数据的平均值。

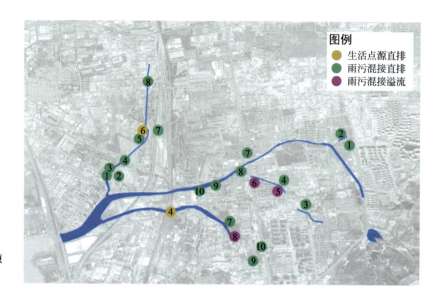

**图 3-19**

楼山河沿线生活点源
分布图

### （3）城市面源污染负荷较重

楼山河流域为青岛市老居住区、老工业区，主要的面源污染来源为城市径流。楼山河流域现状用地以工业用地和居住用地为主，雨季径流污染对河道污染负荷较大。

基于现状下垫面污染物排放EMC及现状截流口污水量和水质数据，计算得到楼山河流域改造前全年面源污染物排放量。通过分析，该区域内面源污染物排放总量分别COD446.07t/a，$NH_3^-$-N6.13t/a，TP1.03t/a。

楼山后河子流域因流域面积大、建设强度高，面源污染物产生量最多，占整个流域面源污染物产生量的71%（以COD计）。

### （4）内源污染较重

楼山河流域现状河道淤泥释放污染物造成河道内源污染。其中，楼山后河淤积长度3.3km，平均淤积深度0.9~1.5m，淤泥成分主要为黑臭底泥和冲积泥沙的混合物。楼山河淤积长度2.6km，平均淤积深度0.3~0.6m，淤泥成分主要为黑臭底泥。

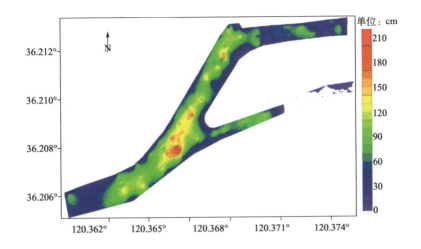

图 3-20
底泥勘测深度分布图

### （5）水环境容量不足

楼山河流域内河道生态用水缺乏，河道断流的情况突出，如楼山河、楼山后河下游均呈无水或河道内污水横流的状态，水环境容量不足。

综合以上分析，楼山河因存在生活污水、工业污水的直排，污染情况最严重，污染物排放量较多；楼山后河入海口段，主要受楼山河污染物排放的影响，导致该段水体重度黑臭。

### 3.2.3.3 治理目标

流域内每条水体上、中、下游的4项指标（透明度、溶解氧、氧化还原电位、氨氮）分别取平均值达到不黑不臭的要求，功能和景观方面均有良好成效，基本实现"水清岸绿、鱼翔浅底"。

### 3.2.3.4 技术路线

以控源截污为基础，注重源头项目的控制效果，同时对于源头改造难以完全解决问题的地块，采用过程控制的方式对污染物入河进行限制。在合理的控制污染物入河量后，通过内源治理消除河道底泥污染，通过活水提质与生态修复提升河道的自净能力，构建和谐的水生态系统。最终实现以系统化的手段，解决黑臭水体的问题，并同时达到提升河道景观，促进生态和谐的效果。

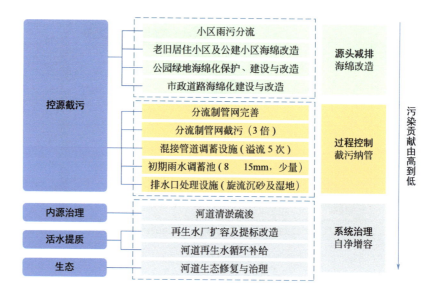

图 3-21
水环境综合治理技术
路线图

### 3.2.3.5 具体措施

#### （1）控源截污

① 工业点源污染治理　整治前，楼山河河道直排口共10处，其中5处为工业点源直排口，通过环保执法，各相关企业采取了厂内截污、企业内部处理达标[执行《污水排入城市下水道水质标准》（GB/T 31962—2015）]后接入市政污水管网等措施，消除了工业企业污水直排入河。通过治理工业点源得到全部控制，污染物削减率100%，可削减污染物量（以COD计）366.1t/a。

② 城市生活点源污染治理　整治前，流域内污水直排口共2处，分别位于楼山河和刘家宋戈庄河沿线。通过采取翻建、新建污水管道措施，消除污水直排口。

楼山河流域污水混接直排口共18处，楼山河沿线3处，楼山后河沿线8处，刘家宋戈庄河沿线7处。治理措施主要有：源头小区混接改造、市政管线混接改造、新建污水管线、新建截流措施等。

图 3-22
楼山河流域污水
直排口分布图

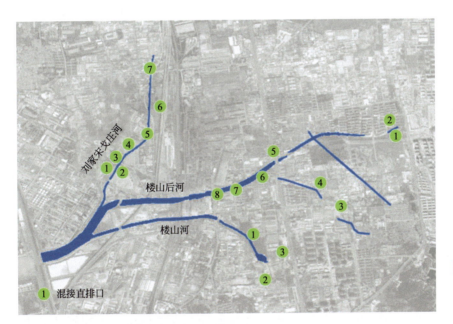

图 3-23
楼山河流域雨污混
接直排口分布图

　　楼山河流域污水混接溢流口共3处，其中楼山河沿线1处，楼山后河沿线2处，治理措施主要有：源头小区混接改造、新建污水管线、临时截污措施改造、新建调蓄池等。

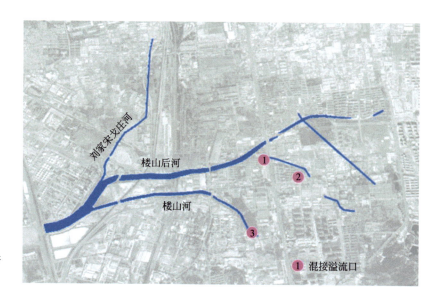

③ 面源污染治理　通过源头项目中建设海绵措施，实现源头的径流控制与面源污染控制。楼山河流域上游（四流路以东）为青岛市海绵城市建设试点区，源头海绵化改造地块16个，改造面积182ha。面源污染削减量（以COD计）约71t/a。楼山河流域下游（四流路-入海口）现状为李沧老工业区，企业正逐步开展搬迁，待搬迁完成后结合地块开发进行源头海绵化改造。

为进一步控制径流和削减面源污染，在源头海绵城市改造基础上，根据现状条件选择汇水范围较大的雨水干管，管径大于600mm的雨水排口附近建设湿地或旋流沉砂井等雨水管道末端净化设施，进一步削减雨水径流冲刷产生的面源污染。共新建雨水口末端净化设施18座，总服务面积872ha。面源污染削减量（以COD计）约为122.4t/a。

### （2）内源治理

① 底泥清淤　楼山后河淤积长度2.5km，平均淤积深度0.9～1.5m，清淤工程量为12.1万m³，淤泥成分主要为黑臭底泥和冲积泥沙的混合物。

楼山河淤积长度3.3km，平均淤积深度0.3～0.6m，清淤工程量为2.2万m³，淤泥成分主要为黑臭底泥。

刘家宋戈庄河淤积长度0.8km，平均淤积深度0.3～0.6m，清淤工程量为0.7万m³，淤泥成分主要为黑臭底泥。

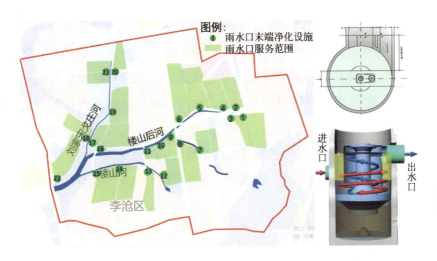

**图 3-25**
**雨水口净化处理设施位置示意图**

**图 3-26**
**楼山河流域（重庆中路－入海口段）清淤示意图**

**表3-8　河道清淤项目统计表**

| 序号 | 河道 | 清淤河段 | 清淤长度/km | 工程量/万 m³ |
|------|------|----------|-------------|--------------|
| 1 | 楼山后河 | 重庆中路－楼山河 | 2.5 | 12.1 |
| 2 | 楼山河 | 重庆中路－入海口 | 3.3 | 2.2 |
| 3 | 刘家宋戈庄河 | 安顺路－楼山后河 | 0.8 | 0.7 |
| 合计 | | | 6.6 | 15 |

② 垃圾治理　根据河长制的相关要求，由河道养护部门制定岸线垃圾清理和河道漂浮物打捞方案，在进行河道巡查和养护的同时，及时发现和记录河道垃圾和漂浮物，定期对岸线垃圾进行清理，对河道漂浮物进行打捞，确保河道两岸及河床内清洁、无垃圾。

合理规划和建设垃圾堆放点，在楼山后河（重庆中路-文昌路）北岸共设置垃圾堆放点4处，并对沿线居民进行宣传教育，引导垃圾分类和定点堆放。

图 3-27
曲源路垃圾收集点位置示意图

在楼山后河与文昌路东北侧现有垃圾中转站1处（遵义路垃圾转运站），对曲源路沿线垃圾堆放点垃圾进行收集和转运，垃圾中转站转运垃圾能力为8t/d。

**（3）生态修复**

① 生态蓄水及湿地　结合防洪要求，考虑后期对水质的控制

及提高河道水体自净能力，结合生态和景观需求，对河道进行生态蓄水，使河水形成自然水面和跌落，增加水体含氧量。补充水源为自然降水、上游水库补水及再生水厂的水源。

图3-28

河道生态蓄水示意图

② 生态护岸及修复　楼山后河（重庆路-七号线、文昌路-十三号线）河段、楼山河（四流路-坊子街）河段，现状防洪尚不达标，结合近期河道防洪提标改造，同步进行河道生态修复工程。

主要通过生态护岸建设、河道生态蓄水、滨水景观营造、水生植物栽植等措施，提高水体生态自净能力，重建动植物栖息地，营造良好的亲水生活休闲空间。

楼山河流域近期计划结合河道修复改造岸线3.81km，改造后楼山河流域生态岸线总长度13.83km，生态岸线比例从47%提升至65%。

**（4）活水保质**

楼山河与楼山后河均为季风区雨源型，流域内均会出现季节性断流，加之污染严重，水环境容量极其有限。结合河流的基本现状，拟通过向河道生态补水及河道内循环补水工程，补充河道生态基流，增加河道水动力，提高河道水质自净能力。

楼山后河补水量为6200m³/d，管径DN400，长度6800m（楼山河再生水厂-规划十三号线）。

楼山河补水量为4000m³/d，管径DN300，长度2800m（楼山后河与楼山河交汇处-坊子街）。

### 3.2.4　湖岛河流域

#### 3.2.4.1　基本情况

**（1）地理位置**

湖岛河流域位于青岛市市北区中西部，属海泊河流域一部分。湖岛河发源于市北区孤山，流经瑞昌路、湖岛村、兴隆路、胶济铁路、傍海南路，汇入胶州湾，流域面积2.0km²，河道全长2km，其中兴隆路上游段已经全部覆盖为暗渠。

**图 3-29**
湖岛河流域区位图

**（2）地形地貌**

湖岛河流域地貌形态类型属于滨海浅滩，整体地形较为平坦，坡度1%～8%。河道基本流向为自东向西，行程顺直。

**（3）地下水**

场区富存地下水，地下水类型主要为第四系孔隙潜水~弱承压水，主要含水层为第一层杂填土层、第四层淤泥质粗砂层及第十二层含黏性土粗砂层，地下水稳定水位埋深1.30~2.80m，标高1.45~1.83m。

### （4）河道情况

湖岛河流域面积2.0km²，河道全长2km，是四方区瑞昌路以东，宜昌路以北区域比较重要的防汛泄洪通道，河道基本流向为自东向西，行程顺直，现状河宽8 ~ 22m不等，其中兴隆路上游段已经全部覆盖为暗渠。下游自兴隆路至入海口段长约682m河道较为脏乱，对两侧环境产生不良影响，其中兴隆路至湖溪路80m长河段由于周边污水直排，形成黑臭水体，亟须整治。

### （5）黑臭情况

湖岛河流域内的黑臭河段有1处，位于下游兴隆路至湖溪路。黑臭河段长约80m，属重度黑臭水体。

## 3.2.4.2 问题及成因

湖岛河因存在污水直排，污染情况严重，旱季、雨季对整个流域的污染物贡献率分别为98%、93.1%，是导致湖岛河水体黑臭的最主要污染物。

湖岛河河道污水直排口共1处，主要由于兴隆路现状污水管道穿越铁路段并未实施，造成上游污水汇集，通过现状傍海中路经直排进入湖岛河内，主要为兴隆路以南的片区。污水无出路的区域面积约95ha，监测排口流量6514m³/d，计算直排区域污水直排入河污染COD795.6t/a，氨氮103.86t/a，总磷14.79t/a。

图 3-30
湖岛河污水直排点位图

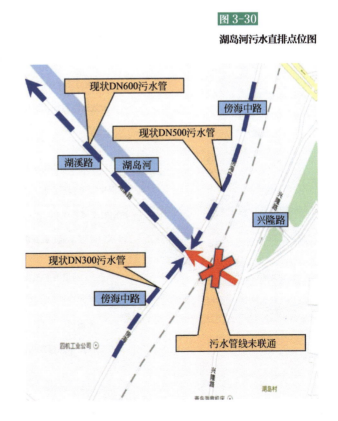

### 3.2.4.3 治理目标

水体的4项指标（透明度、溶解氧、氧化还原电位、氨氮）分别取平均值达到不黑不臭的要求，功能和景观方面均有良好成效，基本实现"水清岸绿、鱼翔浅底"。

### 3.2.4.4 技术路线

以控源截污为基础，注重源头项目的控制效果，同时对于源头改造难以完全解决问题的地块，采用过程控制的方式对污染物入河进行限制。在合理的控制污染物入河量后，通过内源治理消除河道底泥污染，通过活水提质与生态修复提升河道的自净能力，构建和谐的水生态系统。最终实现以系统化的手段，解决黑臭水体的问题，并同时达到提升河道景观，促进生态和谐的效果。

**图 3-31**

水环境综合治理技术路线图

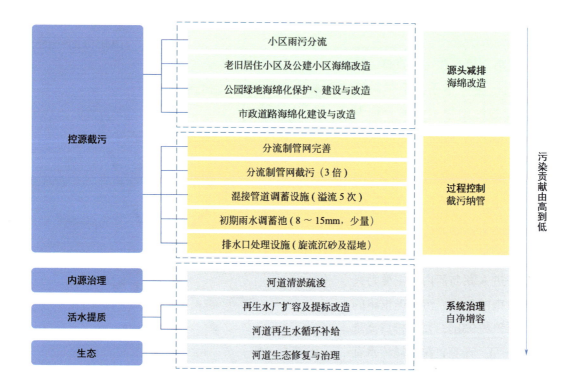

### 3.2.4.5 具体措施

　　针对湖岛河流域内存在的污水管网断接情况，采取的措施主要为：新建DN600污水管道约150m，穿越铁路桥下，接入湖溪路现状DN600污水管线，最终汇入后海一号泵站。

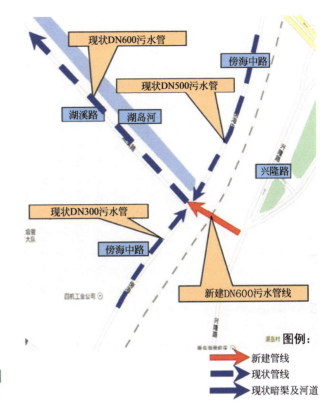

图 3-32

**湖岛河污水管网布置示意图**

## 3.2.5 镰湾河流域

### 3.2.5.1 基本情况

#### （1）地理位置

　　镰湾河位于辛安街道东部，上游3条支流南辛安河、辛安前河、辛安后河分别发源于黄岛区可洛石西山、抓马山东侧、抓马山南侧。该河南北走向，与辛安后河汇合后向南流入黄岛前湾。因河道像一把镰刀，故名镰湾河。全长4km，流域面积60.94km$^2$。

#### （2）地形地貌

　　镰湾河流域西起小珠山东侧余脉，北起可洛石西山、抓马山，

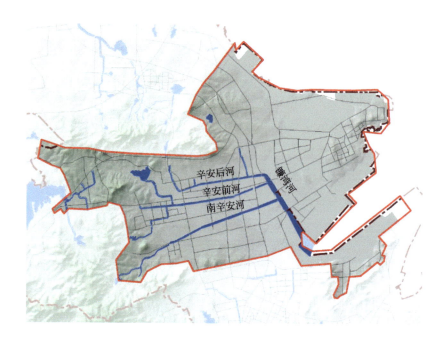

**图 3-33**
镰湾河流域区位图

东起黄岛街道海坛岛街东侧，流域整体地势东西高、中间低，北高南低，支流范围内坡度相对较大，但镰湾河主干河流位置处原为沿海浅滩，后根据社会经济发展，对浅滩实施回填后形成镰湾河，河道周边地势相对平坦，河道纵坡较缓。

### （3）气候特点

镰湾河流域位于胶州湾西岸，小珠山东麓，地处北温带季风区，濒临黄海，兼备季风气候与海洋气候特点，年平均气温12.7℃，最热月出现在8月，月平均气温为25.3℃，极端最高气温为38.9℃，出现在2002年7月15日；最冷月出现在1月，月平均气温为-0.5℃，极端最低气温为-16.9℃，出现在1931年1月10日。年平均降水量为662.1mm。年降水量最多为1272.7mm（1911年），日降水量最多为367.9mm（1997年8月19日），年降水量最少为308.3mm（1981年）。全年降水量大部分集中在夏季，6～8月份的降水量为377.2mm，约占全年总降水量的57%；其中8月份降水量最多为151.1mm；日最大降水量223.0mm，出现在1970年9月4日。1月份降水量最少为11.3mm。有的月份无降水。本区标准冻土深度为0.49m。

### （4）地下水

地下水按赋存方式分为第四系松散堆积层的孔隙水和基岩风化裂隙水。孔隙水与基岩风化裂隙水水力联通，具自由水面，为潜水。砂、卵石及强风化基岩为主要含水层，粉质黏土、中风化基岩为相对隔水层。大气降水及海水渗透为主要补给源，以侧向径流排泄和蒸发方式排泄。勘察期间为本地区平水期，野外实测的稳定水位埋深0.0 ~ 3.05m；稳定水位标高1.50 ~ 2.57m，历年最高水位4.5m。根据区域水文地质资料，地下水位年变幅为1.5m。

### （5）河道情况

镰湾河流域内共四条河流，分别为镰湾河、辛安后河、辛安前河、南辛安河。全长4km，流域面积60.94km²。属于黑臭水体。

辛安后河：辛安后河位于辛安街道办事处，发源于西北部的陈家北山。自西向东入黄岛前湾海。全长7km，流域面积9.0km²。不属于黑臭水体。

辛安前河：辛安前河位于辛安街道办事处，发源于西北部的布鸽山。自西向东入黄岛前湾海。全长10km，流域面积17km²。不属于黑臭水体。

南辛安河：南辛安河发源于小珠山北侧大箍顶山区。自西向东流入黄岛前湾海。全长12km，流域面积约17.8km²。不属于黑臭水体。

### （6）黑臭水体情况

镰湾河被列为黑臭水体，范围从辛安后河江山路桥东侧100m至入海口，长约4km。其余支流河道不存在水体黑臭问题。

### 3.2.5.2 问题及成因

### （1）现状污水处理厂负荷较大

镰湾河流域现状仅有镰湾河污水处理厂一座，现状处理规模为8万m³/d，现状实际平均日处理量约7.8 ~ 8.0万m³/d，污水处理能力基本达到饱和。现状镰湾河污水处理厂处理能力虽然基本能满足目前镰湾河流域内污水处理的需求同时城市发展人口增长，流域范围内污水量还会继续增长，现状污水处理厂能力不能满足流域污水处理需求。

### （2）城市点源污染排放量大

根据水质水量测算，镰湾河流域内主要排污口旱天污染入河量约6000m³/d。

镰湾河流域内工业点源已全部进入污水处理厂进行处理。但有十个排口存在直排或混排污水的情况，其中污水直排口有3处，雨污混接口有7处。

### （3）城市面源污染较为严重

镰湾河流域现状用地性质主要有居民区、工业区、物流堆场、码头等，主要的面源污染来源为城市径流。流域内城市径流导致的面源污染主要是城市不同类型下垫面污染物在场次降雨径流时间内

**图 3-34**
**镰湾河流域污染源分布图**

的污染物排放。

按照现状用地情况，进行典型年模拟估算。以6~9月为雨季，其余月份为旱季，分析可知旱季城市面源污染物排放量化学需氧量约为84.20t/a，氨氮1.54t/a，总磷0.21t/a；雨季城市生活点源年污染物排放量约为化学需氧量155.69t/a，氨氮2.84t/a，总磷0.39t/a。雨季面源污染产生量约占总面源污染产生量的65%。

**（4）存在一定内源污染**

镰湾河河道局部河段水中漂浮大量生活垃圾，且河底淤泥内也含有大量的污染物，河道水质改善时，底泥中的污染物会大量释放，导致河水二次污染。另在镰湾河河道内存在大量现状芦苇，秋季芦苇在河道内腐败，造成水体污染。入海口-前湾港路处有机质厚度较浅，约3~10cm；前湾港路-辛安后河处有机质厚度较深，约为10~30cm。经计算镰湾河流域淤泥污染物排放总量约为COD 6.9t/a，$NH_3$-N 3.68t/a，TP 2.3t/a。

### 3.2.5.3 治理目标

水体的4项指标（透明度、溶解氧、氧化还原电位、氨氮）分别取平均值达到不黑不臭的要求，功能和景观方面均有良好成效，基本实现"水清岸绿、鱼翔浅底"。

### 3.2.5.4 技术路线

按照"控源截污、内源治理；活水循环、清水补给；水质净化、生态修复"的基本技术路线具体实施。以消除黑臭水体为主，结合镰湾河河道现状，根据工程实施安排，截污工程近期以点源截污为主，辅以生态护坡及两岸绿化控制面源污染，通过底泥清理消除有机质二次污染、收割枯萎芦苇等水生植物确保避免腐败植物泥炭化，进一步削减内源污染。远期结合周边路网改造，一并实施周边海绵城市设施，提高面源污染截留控制率，并在污水处理厂扩建的基础上，通过河道内补水，提升河道水环境容量，并形成一定的生态基流，保障河道水动力和水环境容量。

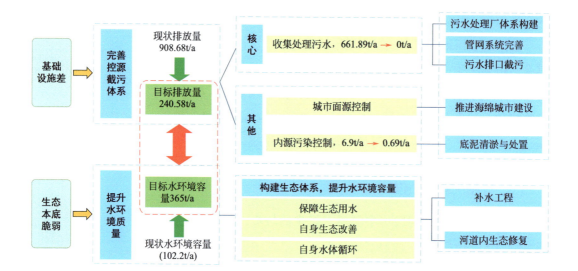

**图 3-35**

方案技术路线图

### 3.2.5.5 具体措施

#### （1）控源截污

① 污水处理厂扩建　流域现状仅有镰湾河污水处理厂一座，现状污水处理能力基本达到饱和，无法满足远期要求。方案考虑在镰湾河污水处理厂三期用地进行扩建，设计规模为 8 万 $m^3/d$，建成后镰湾河污水处理厂处理规模达到 16 万 $m^3/d$。设计出水水质主要指标达到地表水五类水标准，满足生态景观用水要求。

② 排口污染治理　根据调研排查，镰湾河流域内共有排水口10 处，其中旱季非法排污口有 3 处，雨污混流口 7 处。

针对污水直排口，采取查封取缔、封堵废除、管线改造等措施消除污水直排口。

针对雨污混接点，采取敷设污水管道、截污管道，查处勒令雨污混接企业整改等措施。

#### （2）内源治理

① 河道清淤　根据前期镰湾河主河道底泥有机质厚度的检测结果显示：监测点入海口-前湾港路处有机质厚度较浅，约3 ～ 10cm；监测点前湾港路-辛安后河处有机质厚度较深，约为

10～30cm。对前湾港路以北段进行清淤，根据核算，镰湾河主河道清淤量约为8万m³，清理深度约为0.5～1.7m。

② 垃圾治理　由河道养护部门制定岸线垃圾清理和河道漂浮物打捞方案，在进行河道巡查和养护的同时，定期对岸线垃圾进行清理，对河道漂浮物进行打捞，确保河道两岸及河床内清洁、无垃圾。

图 3-36
镰湾河主河槽清淤范围

### （3）生态修复

① 生态护岸改造　镰湾河（黄河路至辛安后河）约460m范围内，河道两岸现状驳岸不明晰，东侧紧邻疏港铁路，西侧紧邻疏港高架，河道两侧绿化单一，且有周边居民开荒农田及苗圃地。对本段河道实施生态护岸修复，清理苗圃地及开荒农田，两侧实施多层次景观的同时，实现堤岸固土、生态修复，绿化面积约2.89万m²。

辛安后河（江山路东100m至镰湾河）约320m，两侧为自然驳岸，树木杂乱且缺少养护，受两侧地块开发影响，现状自然驳岸破坏较为严重，对本段河道实施生态护岸恢复，绿化面积约1.27万m²。

② 水生植物补植　镰湾河黄河路桥南北两侧现有苗木稀疏，土地裸露，本工程对镰湾河（黄河路以北段）河道东侧裸露土地实施绿化补植覆盖，补植面积约4926m²，主要苗木品种包括旱柳、冬红海棠、紫穗槐、白花三叶草等；镰湾河（黄河路以南段）河道西侧补植芦苇6178m²；河道东侧为遮挡现状热力架空管线，补植紫穗槐1179m²。

③ 现状水生植物养护　对镰湾河（黄河路至辛安后河）实施芦苇修剪，面积约5.61万m²；对镰湾河（黄河路以南段）实施芦苇修剪，面积约21849m²。

**（4）活水保质**

考虑利用镰湾河污水处理厂尾水作为河道补水，将大大增加河道旱季流量，可直接稀释河水中污染物，进一步提高水体流动性，增强水体自净能力，加快水体自身对污染物降解。

现状镰湾河污水处理厂处理规模为8万$m^3$/d，污水处理厂尾水直排入海，扩建后设计规模为16万$m^3$/d，设计出水水质主要指标达到地表水五类水标准，达到回用水水质要求。

考虑污水处理厂北侧DN400再生水管向辛安后河补水2万$m^3$/d；利用南侧DN500再生水管向南辛安河补水2.7万$m^3$/d，多余尾水直排入海。合计镰湾河污水处理厂向镰湾河流域补水4.7万$m^3$/d。

## 3.2.6　孟家庄河流域

### 3.2.6.1　基本情况

**（1）地理位置**

孟家庄河位于青岛市黄岛区珠海街道内，发源于铁山街道小平岭村，流经珠山街道孟家庄村，最终从风河三号橡胶坝下游流入风河。河道北起于安远路，向南途经泰山西路、铁镢山路、灵山湾路，全长1.6km，流域面积1.54$km^2$。

**（2）地形地貌**

孟家庄河周边地形：拟建场区地形稍有起伏，标高9.02～24.35m，最大高差为15.15m。

地貌：原地貌类型为冲积平原。

**（3）气候特点**

孟家庄河，属温带海洋性气候，气候温和湿润，四季分明。据多年气象资料统计，域内常年风向为西北、东南、东南南，其出现频率分别为16.3%、14.2%和13.8%。年平均气温12.2℃，极

图 3-37

孟家庄河流域区位图

端最高气温37.4℃，极端最低气温－16.4℃，年平均最高气温15.2℃，年平均最低气温9.5℃。年平均降水量755.6mm，最大年降水量为1227.6mm，最小年降水量为386.3mm，日最大降水量为182.6mm。年平均相对湿度为75%，冬季为64%。

### （4）黑臭水体情况

孟家庄河（泰山路-风河）为轻度黑臭水体，长度约1.3km。

## 3.2.6.2 问题及成因

### （1）城市点源排放量大，存在养殖点源

根据对孟家庄河流域内的河道排口进行现场调研，流域内存在多处私接乱排造成的雨污混流现象，共有污染点源13处，包括直排口10处，雨污混排口3处。因排口对应的收水范围内用地性质不一，导致排河污水种类有差别，包括生活污水、养殖业污水。

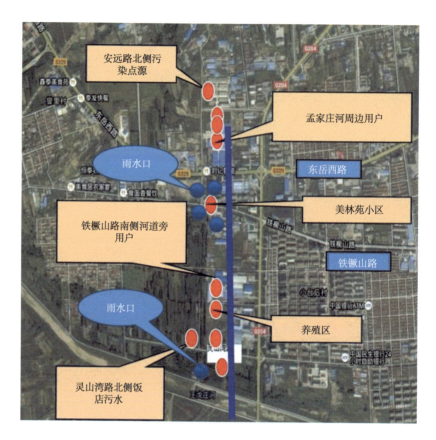

图 3-38
孟家庄河流域排口分
布图

### （2）存在城市及农业面源污染

本流域用地主要为居住、工业、农业、养殖业，其面源污染大致分为城市面源污染、农业面源污染和养殖业面源污染。孟家庄河流域面积约为1.54km²，其中产生城市面源污染的面积为1.534km²，产生农业面源污染的面积0.006km²。

通过计算，孟家庄流域共产生城市面源污染量为COD19.93t/a，氨氮0.041t/a，总磷0.008t/a。

### （3）内源污染较严重

孟家庄河全段淤积，淤积长度1.6km，平均淤积深度0.3～1.0m，淤泥成分主要为黑臭底泥和冲积泥沙的混合物。经计算孟家庄河流域淤泥污染物排放总量约为COD0.032t/a，氨氮0.017t/a，总磷0.009t/a。

### 3.2.6.3 治理目标

水体的4项指标（透明度、溶解氧、氧化还原电位、氨氮）分别取平均值达到不黑不臭的要求，功能和景观方面均有良好成效，基本实现"水清岸绿、鱼翔浅底"。

### 3.2.6.4 技术路线

按照"控源截污、内源治理；水质净化、生态修复"的基本技术路线具体实施。以消除黑臭水体为主，结合孟家庄河河道现状，根据工程实施安排，截污工程近期以点源截污为主，辅以生态护坡及两岸绿化控制面源污染，通过底泥清理消除有机质二次污染，进一步削减内源污染。

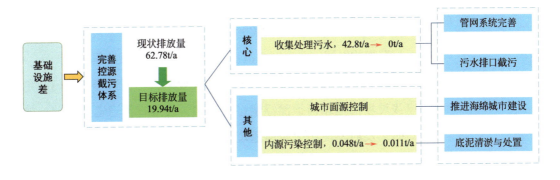

**图3-39**

**技术路线图**

### 3.2.6.5 具体措施

#### （1）控源截污

① 污水直排治理　沿孟家庄河新建DN400 ～ DN500污水管线，管线长度1.6km，截污井10座，普通检查井40座。将孟家庄河沿线的污水直排口（包括养殖业直排口）接入新建市政配套污水管线，并在灵山湾路口处接入灵山湾路现状污水管道，最终汇入中科成污水厂。

② 城市雨污混错接治理　根据调研，孟家庄河流域内雨污混接点有3处，均为沿河村镇村民私接污水管，导致雨污混流，由街道实施雨污分流改造。

**（2）农业面源污染控制**

孟家庄河流域现状农田，远期规划为居住用地，远期不存在农业面源污染排放问题。近期通过促进农业施肥方式的转变，推广土配方施肥技术，推广有机肥利用技术，推广机械化施肥技术，逐步减少化肥不合理使用情况。

**（3）内源治理**

① 底泥清淤　安远路－风河段河道淤积比较严重，现状河底标高平均比设计河底上抬0.3 ～ 1.0m，影响了河道的行洪。需对整个河道进行清淤，清淤至设计河底，平均清淤深度约为0.7m。清淤总量8014m³。底泥处理方式采用填埋＋堆肥＋资源化相结合的方式。

安远路－风河段全长1600m的河道，现状河底未进行处理，主要为沉积的淤泥。河底围堰清淤完成后对河底进行处理。

② 垃圾治理　根据河长制的相关要求，由河道养护部门制定岸线垃圾清理和河道漂浮物打捞方案，在进行河道巡查和养护的同时，及时发现和记录河道垃圾和漂浮物，定期对岸线垃圾进行清理，对河道漂浮物进行打捞，确保河道两岸及河床内清洁、无垃圾。

合理规划和建设垃圾中转站，考虑沿河设置3处垃圾堆放点，与现有垃圾中转站联动，使孟家庄河河道环境得到提升。

**（4）生态修复**

以现状河道自身特点为依托用植物营造休闲、舒适、优美的河道景观，通过多样化的河道断面设计，使河道景观富于活力、动感；通过设计将河道进行曲线化、自然化对河道进行景石砌筑点缀护岸，设置漫水坝，节点的打造，植物营造以获得丰富立体的绿化景观效果。

### 3.2.7 黑头河流域

#### 3.2.7.1 基本情况

##### （1）地理位置

黑头河位于黄岛区南部，河道范围为烟台东一路至风河段，全长约1620m。河道起点为圆龙公园，终点为风河，上游无支流汇入且沿线无其他支流。其中黑臭水体段为大珠山路至风河段，长度800m。流域总面积约为1.48km²。

##### （2）地形地貌

项目区整体上为滨海平原地貌单元，地势开阔，地形平坦。人工改造痕迹十分明显。平均地面高程3.0 ~ 4.0m。

河水受污染严重，河道芦苇丛生，河床淤积厚度0.5 ~ 1.0m，气味刺鼻；河漫滩不明显，岸坡局部存在坍塌现象，其上杂草蔓延。

##### （3）地下水

本区地下水类型主要为松散岩类孔隙水和基岩孔隙裂隙水。地下水以大气降水和西侧丘陵径流补给为主要来源，侧向径流排泄、蒸发为主要排泄方式。地下水的动态变化规律表现为年内季节性和年际间周期性。年内地下水位变化与降水的季节分配相对应，年际间的变化也主要受降水和人工开采的影响。据相关资料，地下水位平均年变化幅度一般为1.0 ~ 1.5m。

#### 3.2.7.2 问题及成因

##### （1）城市点源排放量大

通过对各排污口水质水量实际监测，得到黑头河流域内主要排污口旱天污染入河量共250m³/d。

旱季城市生活点源污染物排放量化学需氧量约为30.68t/a，氨氮2.56t/a，总磷0.37t/a；雨季城市生活点源年污染物排放量化学需氧量约为15.11t/a，氨氮1.26t/a，总磷0.18t/a。

### （2）城市面源污染负荷重

面源污染物按照现状用地情况，利用EMC产污系数表进行典型年模拟估算。以6～9月为雨季，其余时间作为旱季，计算可得旱季城市面源污染物排放量化学需氧量约为6.73t/a，氨氮0.09t/a，总磷0.02t/a；雨季城市生活点源年污染物排放量约为化学需氧量12.51t/a，氨氮0.17t/a，总磷0.04t/a。

### （3）内源污染负荷较重

黑头河大珠山中路以西侧有机质厚度较浅，约30～70cm；黑头河大珠山中路以东侧有机质厚度较深，约为80～200cm，对河道水质影响明显。经计算河道内源污染排放量旱季约为化学需氧量1.15t/a，氨氮0.61t/a，总磷0.15t/a；雨季约为化学需氧量0.56t/a，氨氮0.30t/a，总磷0.08t/a。

### 3.2.7.3 治理目标

水体的4项指标（透明度、溶解氧、氧化还原电位、氨氮）分别取平均值达到不黑不臭的要求，功能和景观方面均有良好成效，基本实现"水清岸绿、鱼翔浅底"。

### 3.2.7.4 技术路线

按照"控源截污、内源治理；水质净化、生态修复"的基本技术路线具体实施。以消除黑臭水体为主，结合黑头河河道现状，根据工程实施安排，截污工程近期以点源截污为主，辅以生态护坡及两岸绿化控制面源污染，通过底泥清理消除有机质二次污染，进一步削减内源污染。

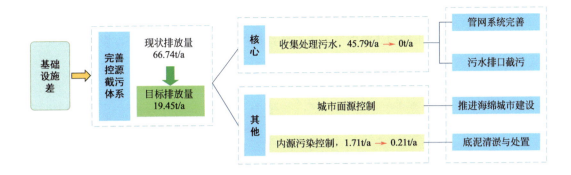

图 3-40

技术路线图

### 3.2.7.5 具体措施

**（1）控源截污**

① 污水直排治理　根据调研排查，黑头河流域污水直排口主要有3处，分别是烟台东七路南侧、烟台东九路与黑头河交汇处桥梁南侧、烟台东九路与黑头河交汇处桥梁北侧三处。三处均为非法排污口，考虑对该三处非法排污口进行封堵。

图 3-41

黑头河流域污水直排口位置图

② 雨污混错接治理　根据调研，黑头河流域内雨污混接点位主要有3处点位，采取新建截污管、雨污分流改造、设置一体化污水处理模块方式。

图 3-42

黑头河流域雨污混排
口位置图

### （2）内源治理

① 底泥清淤　由于黑头河常年流淌污水，且河底多年未经清淤处理。黑头河大珠山中路以西侧有机质厚度较浅，约30 ~ 70cm；黑头河大珠山中路以东侧有机质厚度较深，约为80 ~ 200cm，对河道水质影响明显。根据核算，黑头河主河道清淤量约为2.2万 $m^3$，清理平均深度约为0.55 ~ 1.4m。

②垃圾治理　考虑在流域范围内新增3个垃圾收集点，引导垃圾分类和定点堆放。

### （3）生态修复

黑头河喜鹊山路至大珠山中路段硬质河底下淤泥较深，清淤后改为土质生态河底。在河道内设置一条自然弯曲的子沟，枯水期引入污水处理模块净化后的水源形成流动景观。

### 3.2.8 朱家洼明渠

#### 3.2.8.1 基本情况

**（1）地理位置**

朱家洼明渠整治项目位于青岛市崂山区，上游起自柴场水库，下游接至云岭路3孔B×H=4.0m×1.8m雨水暗渠，最终至石老人海水浴场入海口。明渠总长约1.3km，流域面积约2.4km$^2$。

**图 3-43**

**朱家洼明渠整治范围区位图**

### （2）地形地貌

朱家洼明渠北起柴场水库，南接云岭路3孔B×H=4.0m×1.8m雨水暗渠，全场约1.3km，其中水库至青岛大学校区内过水断面为B×H=7.0m×1.8m雨水明渠现状为石砌驳岸，已铺底硬化，沿途无污水混接。流域内地势北高南低，东高西低，孔口地面标高19.70～22.45m。原地貌类型属剥蚀堆积缓坡，后经人工回填改造成现状，现状主要为拆迁荒地。

### （3）地下水

区域内地下水类型主要为基岩裂隙水，接受大气降水补给，蒸发和侧向径流排泄为主。

### （4）河道情况

朱家洼明渠北起柴场水库，过水断面为B×H=7.0m×1.8m雨水明渠，现状为石砌驳岸，已铺底硬化，沿途无污水混接。南接云岭路3孔B×H=4.0m×1.8m雨水暗渠，全长约1.3km，流域面积约2.4km²。下游经云岭路、香港东路、东海东路4-5孔B×H=4.0m×1.8m雨水暗渠，最终经入海口汇入石老人海水浴场。

朱家洼明渠现状驳岸及铺底未硬化段长度约700m，整治范围150m上游大量污水雨季溢流，其余450m为现状自然排水沟，两侧均为农田，零散民房已于2018年3月完成拆迁，无污染源。根据《青岛市崂山区金家岭山公园及周边区域控制性详细规划》，朱家洼明渠远期结合129#号线道路实施，同步新建2孔4m×1.8m雨水暗渠，贯通该区域雨水系统。

### （5）黑臭水体情况

朱家洼明渠（科大支路-云岭路）段为黑臭水体，黑臭长度600m，黑臭等级为轻度黑臭。

### 3.2.8.2 问题及成因

#### （1）生活污水直排污染大

朱家洼明渠流域内有污水直排口4个，均为违章搭建快餐店日常生活污水，日排放污水量100m³。经计算，年污染物排放量约为COD18.69t/a，氨氮1.5t/a，总磷0.19t/a。

朱家洼明渠混接直排口共1处，由于违章搭建致使原有污水管道被占压破坏，上游学校、居住区污水量混接直排至雨水暗渠中。经计算，年污染物排放量约为COD149.5t/a，氨氮11.97t/a，总磷1.52t/a。

#### （2）面源污染负荷较重

经计算，面源污染年排放量约为COD44.93t/a，氨氮0.61t/a，总磷0.11t/a。

#### （3）底泥淤积情况严重

朱家洼明渠为北方季节性雨水过水渠道，受雨季上游冲刷泥沙淤积及下游入海口潮水影响，容易造成河道淤积，加之至入海口沿途周边污水直排、雨污混接问题较多，容易造成入海口雨水暗渠主渠道底泥中污染物累积，形成黑臭底泥，造成水体污染。朱家洼明渠因违建垃圾及污水混接，淤泥较为严重，底泥厚度多为60～100cm。

### 3.2.8.3 治理目标

水体的4项指标（透明度、溶解氧、氧化还原电位、氨氮）分别取平均值达到不黑不臭的要求，功能和景观方面均有良好成效，基本实现"水清岸绿、鱼翔浅底"。

### 3.2.8.4 技术路线

黑臭水体治理以控源截污为基础，注重源头项目的控制效果，同时对于源头改造难以完全解决问题的地块，采用过程控制的方式对污染物入河进行限制。在合理的控制污染物入河量后，通过内源治理消除河道底泥污染，结合活水提质与生态修复提升河道的自净能力，构建和谐的水生态系统。最终实现以系统化的手段，解决黑臭水体的问题，并同时达到提升河道景观，促进生态和谐的效果。

### 3.2.8.5 具体措施

#### （1）控源截污

① 污水直排治理　朱家洼明渠整治范围内违建网点、快餐店做饭、洗衣废水均直排明渠中，予以拆除。

② 混接溢流治理　朱家洼明渠段原有 DN400 污水主管道被违建占压破坏，设计 DN400 污水管道沿 129# 号线规划道路中心线敷设，承接上游科大支路 DN300 污水管道，下游对接云岭路 DN600 污水管道。

现状朱家洼村下游排水明沟后期将结合远期规划 129# 道路实施，同步新建为 2 孔 4m×1.8m 雨水暗渠，保证区域雨水系统上下游的贯通。

#### （2）内源治理

底泥清淤。根据相关养护单位及勘察单位提供数据，朱家洼明渠因违建垃圾及污水混接，淤泥较为严重，底泥厚度多为 60 ～ 100cm。

对暗渠段和明渠段进行清淤，清淤量约 3.4 万 $m^3$，底泥清除后流域的内源污染得到大幅削减。另外结合底泥清淤，对沿河堆放垃圾进行了清运，清运量 200$m^3$。

暗渠清淤

沿河垃圾清运

**图 3-44**
**朱家洼明渠（暗渠段）**
**清淤**

# 4 青岛黑臭水体治理的建设成效

# 4.1 生态效益

## 4.1.1 恢复河道生态景观

在黑臭水体治理过程中，青岛市积极探索生态治河路径，以恢复河道生态系统为支撑，以带动周边地块发展为目标，打造了一条条独具风貌又能融入城市发展的生态河道，城市黑臭水体消除比例100%，实现了城市水环境质量长效稳定提升，达到"水清岸绿、鱼翔浅底"治理标准的水体长度约9.6km，占总长度约54%。

一是实施河道整治工程。全面推进雨污分流改造，取消了89处河道临时截污措施；合理制定并实施河湖防洪排涝清淤疏浚方案，对重点河段进行清淤88万$m^3$。

二是开展河道生态补水。将城市污水处理厂再生水、分散污水处理设施尾水以及经收集和处理后的雨水用于河道生态补水，保障河道生态基流。

三是融入海绵城市理念。以"水生态良好、水安全保障、水环境改善、水景观优美、水文化丰富"的思路，沿河打造了一批高品质绿地、公园，基本实现"300米见绿、500米见园"，创建了全市统一共享的海绵城市和排水监测系统。

四是加强日常养护管理。青岛市建立排污口定期监测机制，严格管控工业企业污染，加强河道日常巡查养护，确保河道水环境质量的长效稳定提升。

## 4.1.2 优化水资源配置

青岛市充分利用污水厂再生水进行河道生态补水，实现资源有效利用。青岛市实施污水资源化战略，将再生水发展成为城市第二水源，初步统计2020年城市再生水利用率达50%以上，李村河污水处理厂向李村河生态补水20万$m^3$/d，世园会水质净化厂向李村河生态补水0.6万m³/d，张村河水质净化厂向张村河生态补水4万m³/d，海泊河再生水厂为海泊河提供补水水源2.5万m³/d，即墨区向墨水河上游景观区域生态补水约2万～5万m³/d，胶州向云溪河、护城河和三里河生态补水约5万m³/d。

通过再生水补充了城区河道的生态基流，增加了河道水动力，保障了正常的生态和景观功能，打造了多处"常年有水、水清岸绿"的生态景观廊道，改善了周边区域的人居环境。

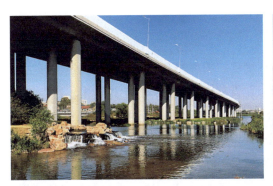

同时，青岛市积极探索河道生态补水长效机制的建立，以李村河流域为示范，出台了《青岛市李村河流域长效生态补水实施方案》，按照"统一管理、共同参与"的原则，建立李村河流域生态补水长效机制，实现李村河流域长效化、高标准生态补水。

**图 4-1**

**李村河再生水补水**

**图 4-2**

**青岛市水务管理局关于青岛市李村河流域长效生态补水实施方案的通知**

# 4.2 社会效益

## 4.2.1 增强百姓幸福感

### 4.2.1.1 听民意，汇民智

人民群众既是生态环境保护的参与者和实践者，也是良好生态环境的受益者和享有者，在青岛市黑臭水体整治过程中，青岛市坚持开门治水，广纳群众建议，坚持众人的事由众人议，大家的事情大家办。2021年城市黑臭水体治理民意调查，群众满意度达到97%，群众的获得感、幸福感不断增强，为建设宜居幸福青岛发挥了积极作用。以李村河中游"李村大集"段河道治理为典型事迹，青岛市多方征集群众意见建议，组织多轮论证，将河道治理同"李村大集"搬迁统筹开展，既改善了生态环境还满足了居民的生活需求。

此外，青岛市每月定期开展黑臭水体水质监测，并在青岛市水务管理局官网公示，同时，向社会主动公开市、区两级黑臭水体治理主管部门投诉举报电话。通过政务服务热线、部门公开电话及全国城市黑臭水体整治监管平台等渠道，2018年至今接收监督举报信息248件，均已限期完成整改，形成"政民"良性互动，群策群力共同保障青岛市城市黑臭水体治理成果。

### 4.2.1.2 解民忧，暖民心

青岛市通过黑臭水体治理，改善了城市人居环境，为百姓提供了河边休憩游玩空间，同时结合海绵城市建设，解决了部分老旧小区停车泊位短缺、排水管网不完善、绿化休闲设施偏少以及河道水系水质不稳定等群众关心的突出问题，聚力改善民生福祉，提升百姓幸福指数。

此外，沿河建设的亲水平台、健康绿道、健身场所等，成为青岛市民全家亲子游玩、娱乐健身、亲近自然的好去处，其中，李村河绿道成功入选第一批"山东省最美绿道"，百姓获得感、幸福感不断增强，为建设宜居幸福青岛发挥了积极作用。

---

**第一批"山东省最美绿道"名单**

1. 青岛西海岸蓝湾绿道

2. 淄博河湖（孝妇河-范阳河-文昌湖）绿道

3. 东营沿河（广利河、玉带河）绿道

4. 济南佛慧山绿道

5. 潍坊白浪河绿道

6. 滨州秦皇河绿道

7. 烟台柳子河绿道

8. 威海林泉河绿道

9. 德州岔河绿道

10. 临沂滨河（沂河、祊河）绿道

11. 泰安肥城龙山河绿道

12. 济宁泗水县泗水滨绿道

13. 青岛李村河绿道

14. 青州市长寿路绿道

15. 荣成樱花湖绿道

图 4-3

**李村河绿道入选第一批"山东省最美绿道"**

（资料来源：山东省住房和城乡建设厅官网）

## 4.2.2 提高城市形象

青岛市城市黑臭水体治理实现了城市发展和河流生态环境保护的同频共振，受到了社会各界高度关注和多方赞许。人民日报、凤凰新闻、今日头条、齐鲁晚报、搜狐网、青岛新闻等多家新闻媒体对青岛市黑臭水体治理进行了报道，李村河中游更是被省住房和城乡建设厅评为黑臭水体整治长"制"久清样板河道，荣获了山东省人居环境范例奖。

经过治理后的海泊河、李村河、娄山河等河道水体，带动了周边城区的美化，昔日城区后海老工业区，成为全市环湾发展的重要增长极；孟家庄河、黑头河、镰湾河治理，进一步提升了西海岸新区城市品质，为打造国家级新区前三强做出了贡献。

**人民日报** 有品质的新闻

### 青岛加强整治黑臭水体 助力创建生态家园

鲁网青岛频道
04-03　每千万青岛人共创美好

山因水而灵秀，城因水而妩媚。近年来，青岛市不断加强生态环境保护和治理，在黑臭水体治理方面不断做出努力。我们希望以示范城市创建为契机，以人民群众日益增长的优美生态环境需要为出发点和落脚点，建立全域统筹、整体施策、多措并举的水环境综合治理体系，实现水环境质量根本性好转，使城市更加生态宜居。

2016年以来，围绕黑臭水体治理，建成区新建管网19.97公里，新建管网截流污水量8.4万吨，改造问题排口75个；清淤疏浚黑臭水体12个，底泥清淤量87.6万吨。2017年底，已实现中心城区12处黑臭水体"基本消除"的工作目标。

2018年李村河污水厂进行了提标扩建，处理能力从25万立方米/日提高至30万立方米/日，出水主要水质指标将由一级A标准提高至地表水类IV类标准，达标后的水质可以源源不断地流入李村河作为景观用水，为城市河道注入了生机活力，李村河如今已建成为青岛市内最大的河道生态公园。

2018-2020年我市安排40余亿元用于重点项目建设，涵盖污水收集系统完善、提质增效、海绵城市建设、控源截污、内源治理、生态修复、活水保质、能力建设等工程类型，确保了青岛市水环境品质稳步提升。

作为青岛市这个大家庭中的一员，从自我做起，规范自身排水行为，垃圾不乱倒污水不乱排，争当节约用水的宣传者、文明用水的倡导者、科学用水的践行者，共同创建我们的生态家园。

**图 4-4**

**人民日报报道《青岛加强整治黑臭水体助力创建生态家园》**

大众报业集团（大众日报社）主办

返回报纸首页｜首页　＞　综合

上一篇：如何计盘防一键归位？5G天使光引领储能型新时代！　　下一篇：返回列表

### 把脉李村河流域"毛细血管" 问诊排水管网"顽疾"

时间：2020-11-02 11:58:31 来源：网络

一青岛市积极开展李村河流域管网检测工作

李村河，主干流发源于崂山山脉李沧区内的石门山麓，流经李村至曲哥庄桥与张村河交汇，从胜利桥流入胶州湾，全长约17公里，是青岛市区内流域最广、长度最长的河道水系，涵盖老城区、老工业基地和东部下游的新城区，沿线人口密集，工商业发达。李村河流域排水管网数量庞大、建设年代久远，甚至有的已经建设几十年以上，尤其是建于上世纪九十年代的部分河道截污干管线，由于建设资料不齐全，长期得不到专业性和周期性养护、维修。

为彻底解决李村河流域的排水问题，实现水环境质量根本性好转，改善城市水生态环境，2019年12月开始，青岛市水务管理局牵头积极组织开展李村河流域内排水管网检测工作，对流域内主次干道约1000余公里排水管线进行把脉问诊。

为有效推进项目组织实施，组建项目推进小组，建立例会制度和周报制度，定期调度督导。项目主要采用闭路电视检测技术（CCTV）、声纳检测技术、电子潜望镜检测技术（QV）等专业手段摸清流域范围内的排水口、混接点、管道缺陷、排水源头等信息，建立李村河流域排水管网检测信息系统，深入开展排水口调查、混接点调查与评估、排水管道检测与评估、源头现状调查、新增管线调查、信息系统建设等多方面工作。

目前已调查排水口286处，调查混接点351处，发现管道破裂、变形、腐蚀、渗漏等缺陷29663处，累计检测1000余公里，检测结果及时反馈到各责任管护单位，抓好整改落实，该检测项目数据对李村河流域的水环境持续改善和治理、推进城镇污水处理提质增效提供了有力支撑，为李村河流域排水管网检测成果的信息化、动态化、可视化管理奠定了基础。

**图 4-5**

**齐鲁晚报报道《把脉李村河流域"毛细血管"问诊排水管网"顽疾"》**

同时，青岛市召开了两次新闻发布会，就青岛市黑臭水体治理情况进行信息发布，宣传青岛市黑臭水体治理成效。

## 4.3　经济效益

### 4.3.1　土地及房地产升值效益

青岛市城市黑臭水体治理改善了水环境质量，打造了优美的水景观和水生态，提升了城市居住环境，从而盘活了沿河土地资源，提升了土地价值，带动周边地块的开发建设与土地升值，实现政府、开发商和城市居民三方共赢。以李村河流域为例，治理前因河道水质较差、环境较差，开发前景较差，治理后沿河两岸宜居、宜业、宜游，较好地带动了周边产业结构升级，美丽李村河成为招商引资的重要名片，青岛国际特别创新区、数字经济园、国际院士港等众多园区项目依河而兴，河道沿线土地供不应求。

### 4.3.2　其他经济效益

黑臭水体治理前，由于污水收集设施和处理设施的不完善，存在排水管网混错接现象，造成水体污染，给周边居民的身体健康和工业生产带来了一定的经济损失。黑臭水体治理完成后，完善了区域污水收集和处理设施，改善了周边区域的生活环境，减免了因水体污染造成的经济损失。

黑臭水体治理工程实施后提高了现状河道的过流能力和防洪能力，减少了因暴雨造成的洪涝灾害直接损失及间接经济损失，确保周边地区居民的生命财产安全，有利于促进社会稳定，促进经济发展。

# 4.4 示范效应

## 4.4.1 水环境质量长效稳定提升示范

青岛是一座海滨旅游城市，红瓦绿树、碧海蓝天一直都是青岛闪亮的名片，随着城市化进程的加速，由于基础设施不完善、雨污混流错接、河道底泥淤积、生态基流缺乏等问题，导致河道水质不断恶化。青岛市坚持"全流域系统治理"的理念，遵循"岸上治污为本，岸下理水为标，岸上岸下统筹，更新管理模式，实现标本兼治"的治理思路，治河先治污，注重生态与景观融合，突出人水亲和功能，让城市水体重获新生，实现水环境质量长效稳定提升。

青岛市城市黑臭水体治理已取得了明显成效：2018年完成了市区12条城市黑臭水体的初见成效评估报告、长制久清评估报告，居民满意度高于90%；自2019年10月起，聘请第三方单位进行黑臭水体监测，根据水质监测数据显示，城区水质持续向好，以李村河下游为例，2020年氨氮平均水质监测数据为0.65mg/L，较治理前8.86mg/L，实现了大幅稳定提升。青岛市城市黑臭水体治理工作，特别是李村河流域综合整治工作受到多方认可；2020年1月，李村河流域整治案例在生态环境部官网予以宣传；2021年2月，李村河入选生态环境部水生态环境司城市黑臭水体治理攻坚战宣传片等；2021年3月，李村河流域黑臭水体整治已纳入生态环境部、住房城乡建设部全国城市黑臭水体整治典型案例。

### 4.4.1.1 以流域为单元，岸上岸下统筹

青岛市将12条城市黑臭水体划分到8个流域，按照"全流域系统治理"的理念，摸清流域现状，明确建设重点，构建系统方案，统筹岸上岸下，实现标本兼治。

### （1）完善污水处理设施

按照"因地制宜、有序建设、适度超前"的原则，统筹青岛市污水处理厂布局。完成了李村河污水处理厂、张村河水质净化厂等污水厂扩建与提标改造工程，目前青岛市污水处理厂共有27座，出水水质全部达到或优于一级A标准，处理规模可满足全市污水处理需求；全面消除污水管网空白区、污水直排口，实现污水管网的全覆盖、全收集、全处理。

### （2）推进清污分流工作

治"黑水"先摸病症，青岛市把"源头治理"作为第一要求，开展了全市建成区河道排水口专项整治，引入专业单位对管网进行专业"体检"，通过CCTV、QV等检测手段，对排水管网开展地毯式摸排，建立排水管网问题清单，按照"一口一策"的原则明确整治方案。以"不放过一家小作坊、不错失一条小支管"的决心，排查"散乱污"企业230家，开展了李村河张村河流域源头截污工程、张村河截污口改造工程、李村河流域雨污分流工程和排水管网改造工程等多个工程。通过清污分流改造、排水户源头管控等措施，切实推动"污水入厂、清水入河"。

**图 4-6**
**开展管网排查**

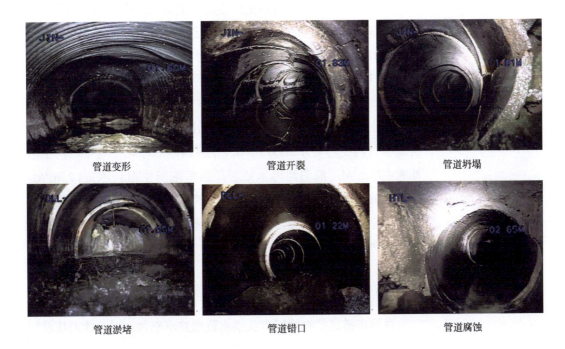

| 管道变形 | 管道开裂 | 管道坍塌 |
| 管道淤堵 | 管道错口 | 管道腐蚀 |

### （3）清理河道淤泥垃圾

青岛市开展了全市河湖整治工作，对河湖管理范围内的非正规垃圾点、水体漂浮物、河道淤泥垃圾进行了全面清理整治，由河道养护部门制定岸线垃圾清理和河道漂浮物打捞方案，加强河道日常养护，确保河道两岸及河床内清洁、无垃圾，并将河湖养护经费纳入地方财政预算。

**图 4-7**

清理河道淤泥及垃圾

### （4）恢复河道生态系统

一是充分发挥城市蓝绿空间作用。全面完成市区级、镇级河湖管理范围划定，加强水系空间保护，逐步恢复河道自然生态系统，种植近13万 $m^2$ 的水生植物，形成了水清岸绿的生态景观，带动了岸上人口结构变化和产业更迭，打造了岛城"南滨海、北滨河"的靓丽风景线。二是加强河道生态补水。青岛市充分利用再生水进行河道生态补水，李村河污水处理厂出水达到地表水类IV类标准，实现李村河生态补水20万 $m^3/d$；张村河水质净化厂向张村河生态补水4万 $m^3/d$，海泊河污水处理厂向海泊河生态补水2.4万 $m^3/d$。三是全域推进海绵城市建设。加强落实海绵城市建设理念，梳理城市"蓝绿灰"空间，充分发挥海绵设施自然积存、自然渗透、自然净化的功能。

### （5）打造智慧水务系统

青岛市搭建了海绵城市及排水监测共享平台，以"能力建设管

图例：

▭ 李村河流域范围

▬ 水系

▬ 生态岸线工程河段

⬬ 水生态系统构建区

理、项目建设管理、监测管理、公众服务监督管理、绩效考核管理、预警管理"为主功能模块，布设了流量、水质、液位等在线监测设备214台，助力排水设施管理实现管理系统化、决策科学化、处理高效化，打造青岛市"排水一张图"。

**图 4-8**
李村河流域河道水生态系统构建分布图

**图 4-9**
青岛市海绵城市及排水监测系统截图

### 4.4.1.2 以河长制为抓手，建立长效机制

按照国家黑臭水体治理示范城市考核要求，青岛市完善了黑臭水体治理示范城市的14项机制，确保黑臭水体治理"有人管、有钱管、有制度管"，保障黑臭水体治理工作的长"制"久清。

#### （1）坚持高位推进

青岛市成立了由市政府主要领导任组长的黑臭水体治理工作领导小组，印发了《青岛市黑臭水体治理实施方案》，作为黑臭水体治理工作的纲领性文件，对黑臭水体治理、示范城市创建暨李村河流域水环境综合治理的62项重点任务进行工作部署。领导小组办公室按照指挥部模式推进各项工作开展，抽调近20名业务骨干组建城市黑臭水体治理工作专班，督促落实领导小组部署的有关事项，实行"周调度、月通报"制度，建立部门联动机制，形成工作合力，全面推进青岛市城市黑臭水体治理、黑臭水体治理示范城市创建、李村河流域水环境综合治理等工作。

**图 4-10**
青岛市人民政府关于黑臭水体治理实施方案的通知

#### （2）落实河长制度

青岛市建立了四级河长制并出台了相应的工作制度，青岛市黑

臭水体治理机制建设以河长制为抓手，将黑臭水体日常管养纳入河长制工作范围，组织协调各级河长共同解决黑臭水体治理相关问题，不断完善黑臭水体治理工作。

### （3）强化考核制度

一是强化督查机制。青岛市建立了黑臭水体督查制度，定期对黑臭水体进行督查，对巡河过程中发现的个别溢流、漂浮物、淤泥等问题，进行督查通报。二是加强绩效考核。青岛市将黑臭水体治理纳入经济社会发展综合考核，印发了《青岛市城市黑臭水体治理绩效考评办法》（青水治组办〔2020〕7号），明确采用汇报听取、资料查阅、现场检查相结合的形式开展绩效考评工作，考核结果与各区市及各相关部门绩效评价挂钩。

图4-11
青岛市关于城市黑臭水体治理绩效考评办法的通知

### （4）加大联合执法力度

青岛市城市管理局联合青岛市生态环境局、青岛市水务管理局印发了《青岛市黑臭水体治理排水执法工作标准》（青城管〔2020〕59号），定期检查洗车、工地、酒店等排水大户设施运行情况，同时，市生态环境局将重点涉水排放工业企业纳入"双随机、一公开"执法范围，严查严控，铁腕治污。

### （5）落实排水许可制度

青岛市切实加强排水许可的制度管理，加强排水监督，规范污水排放行为，同时，青岛市划定典型区域，依托街道办网格员力量，先行先试开展排水户底数摸查工作。

### 4.4.1.3 以民生为重点，社会广泛参与

在黑臭水体治理过程中，青岛市坚持"开门治水、全民治水"的理念，按照"尊重民意、汇集民智、聚焦民生"的原则，政府、专家、民众共同献言献策，全力推进青岛市黑臭水体治理工作。

### （1）建管并行，多部门齐心协力

2019年8月，青岛市政府第68次常务会议研究通过了《关于印发青岛市黑臭水体治理实施方案的通知》（青政办字〔2019〕46号），梳理了黑臭水体治理示范城市创建的各项工作内容，明确责任分工，分解落实到相关职能部门。市水务管理局、市生态环境局、市住房和城乡建设局、市城市管理局等相关部门召开联席工作会议7次，联合解决黑臭水体联合执法制度、排水监测系统建设等具体问题。

### （2）加大巡查，切实履行河长制

青岛市建立了河长定期巡查、领导小组定期抽查的巡查制度。各级河长深入一线开展河道巡查，针对现有的黑臭水体，巡查频率每半月1次；针对群众高度关注的城区河道，巡查频率每周不少于1次，实现城区河道全覆盖巡查和无盲区监控，同时建立河道巡查整改台账，对巡查发现的问题及时交办相关责任部门制定整改方案，第一时间消除污染隐患；此外，由市黑臭水体治理工作领导小组定期组织抽检工作，结合各区（市）工作台账，定期随机抽取河道进行现场核查，对存在易出现污染反复的水体，不定期组织"回头看"行动，真正做到守河有责、守河担责、守河尽责。

**（3）系统把脉，邀请专家科学指导**

在黑臭水体治理过程中，青岛市多次邀请水环境治理领域顶尖的专家系统把脉青岛市城市黑臭水体治理工作，并邀请住建部领导开展培训讲座，提升本地人员技术水平；同时，引入第三方技术服务单位，构建高效专业的技术服务团队，从规划、设计、施工、监测、制度等多方面提供全过程技术支撑。

**（4）群策群力，群众共建共享**

青岛市坚持开门治水，广纳群众建议。以李村河中游"李村大集"的治理为典型河段，多方征集群众意见建议，将河道治理同"李村大集"搬迁统筹开展，改善环境的同时满足居民的生活休闲需求；水清沟河整治中多次同开发商进行磋商，并集中征求业主意见，真正实现了政府主导、社会参与的共建共享局面。同时，采用网络、报纸、电视等方式宣传城市黑臭水体治理效果，形成良好的舆论氛围，充分鼓励公众参与和监督。此外，青岛市主动向社会公开投诉举报电话，通过政务服务热线、全国城市黑臭水体整治监管平台等渠道接受群众监督，推动政民互动常态化，共同维护青岛市黑臭水体治理成果。

## 4.4.2 北方海滨丘陵型缺水城市水生态建设示范

青岛作为典型的北方海滨丘陵型缺水城市，河道生态用水非常缺乏。青岛市通过优化调整污水处理厂布局、实施海绵城市建设等工作，不断加强雨水、再生水等非常规水资源利用，目前，主城区再生水补水能力达到28.75万$m^3$/d，基本保障了李村河流域生态用水。

青岛市多年平均降水量660.3mm，降水具备年际变化幅度大、年内分布不均等特点，60%以上降雨集中在6～9月，年际丰枯变化明显。全市人均水资源占有量186$m^3$，仅为全国平均水平的9.5%，是世界平均水平的2%，属于严重缺水城市。青岛市城区河流均为季风区雨源型，水源补给主要来自地下水渗入、雨水降水，生态基流严重匮乏，河道基本生态功能难以保障。尤其是近年来，为保障经济社会发展用水，从河道、水库的取水量逐年加大，河道内径流逐渐减少，青岛市全域大小河流200多条，中心城区主要河道49条，枯水期全部断流。

为保障河道生态基流，修复河道水生态系统，提升河道水环境品质，青岛市积极探索非常规水资源利用，以李村河流域为示范，以点带面，多措并举，构建人水和谐的城市蓝绿空间。

**图4-12**

**李村河现场**

### 4.4.2.1 优化设施布局，采用再生水补水

为满足李村河流域生态用水，青岛市新建张村河水质净化厂（一期），并对流域内的李村河污水处理厂进行提标扩建，污水厂主要出水水质指标均达到类地表水Ⅳ类标准。李村河污水处理厂为流域内李村河、张村河、大村河等河道提供补水水源20万 m³/d，张村河水质净化厂为流域内张村河提供补水水源4万 m³/d。青岛市结合再生水补水进行河道生态修复，打造了李村河滨河生态公园，构建了贯通整个流域的"山-海-河"绿色长廊，展现了城市底蕴和独特风情，给市民打造了一个充满健康活力的李村河。

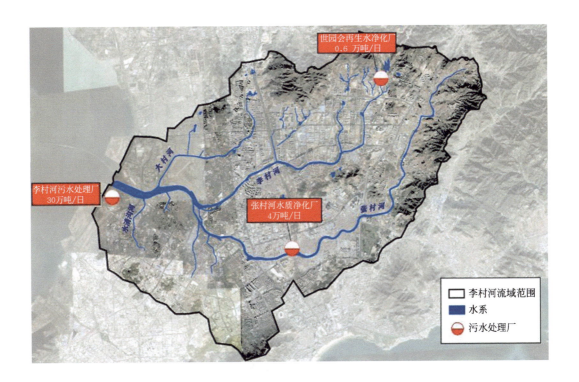

世园会再生水净化厂
0.6 万吨/日

李村河污水处理厂
30万吨/日

张村河水质净化厂
4万吨/日

水村河

李村河

张村河

李村河

李村河流域范围
水系
污水处理厂

图 4-13

青岛市李村河流域污
水处理厂分布图

## 4.4.2.2 实现清污分流，杜绝污水入河

青岛市科学谋划、精准施策、强力推进排水管网混错接改造工作，基本实现进入雨水管网的清水"应排尽排"，进入污水管网的外水"应堵尽堵"，城区居民生活污水"应收尽收"，确保"污水不入河、外水不进管"，同时，加大日常排水联合执法力度，保障雨水、地下水等清水作为水源补给河道。

## 4.4.2.3 建设海绵城市，实现源头补水

青岛市作为黑臭水体治理示范城市及国家海绵城市建设试点城市，在城市黑臭水体治理过程中始终贯彻海绵城市建设理念，综合应用"渗、滞、蓄、净、用、排"措施，实现对雨水的吸纳、蓄渗和缓释作用，有效节约水资源，提高非常规水资源利用，提升城市生态系统功能。

(a) 污水管网新建

(b)污水管网修复

图 4-14

**青岛市李村河流域污水管网新建及改造示意图**

图例

☐ 李村河流域范围
■ 水系
☐ 大村河汇水分区范围
☐ 海绵城市示范区

图 4-15

海绵城市建设示范区
域示意图

### 4.4.2.4 完善规章制度，建立长效机制

青岛市出台了《青岛市加强河道生态补水指导意见》（青水供排〔2021〕46号）、《李村河流域长效生态补水实施方案》（青水供排〔2021〕48号）等规章制度，基本建立河道生态补水长效机制，推动河道生态补水工作常态化、规范化、综合化开展。

图 4-16

青岛市水务管理局关于
生态补水的相关文件

### 4.4.2.5 开展课题研究，科学实施补水

为加强青岛市河道生态补水的科学性、合理性，青岛市水务管理局联合中国海洋大学开展非常规水资源综合利用专项课题研究，主要研究内容包括再生水管网输配及李村河补给过程中水质变化研究、再生水补水对李村河生态系统影响研究、水生植物再生水水质净化研究、海绵城市视角下城市雨水开发利用体系构建、旁路透析人工湿地长效提质技术等，以期对河道生态修复、生态补水等方面提出可行性建议，为青岛市河道生态治理增添助力。目前，课题研究成果已经应用于李村河中游生态补水示范项目，助力李村河成为生态治河的青岛样板。

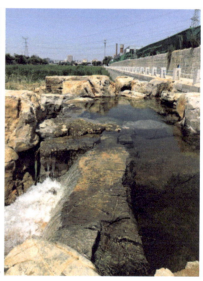

**图 4-17**
**李村河流域河道补水点**

### 4.4.2.6 示范模式推广，开展全市补水

目前，李村河流域已实现生态补水，为打造"蓝绿交织、清新明亮、水城共融"的"美丽青岛"，青岛市总结李村河流域生态补水的成功经验，全市推广生态补水，李沧区、市北区、崂山区、即墨区、城阳区、胶州市等区市已纷纷开展生态补水项目。其中，城阳区开展了"五水绕城"生态环境提升项目，整治了爱民河、虹子河、小北曲河、南疃河等五条河道共计23.9km，工程融入了海绵

城市理念，采用了再生水对河道进行补水，打造了"河畅、水清、岸绿、景美"的美丽城阳。

## 4.4.3 多行政区、多水厂、全流域联动的"厂－网－河"一体化建设运营示范

为进一步理顺青岛市排水管理体制，提升城市排水设施建设运营管理水平，青岛市积极探索排水系统全要素管理的"厂-网-河"一体化运维模式，以李村河流域为试点，分时序、分步骤在全市范围内推动"厂-网-河"一体化工作。

### 4.4.3.1 试点先行，打通路径

由于厂、网、河的运行维护涉及部门较多，"厂-网-河"一体化运行体制机制尚未建立，因此，青岛市以李村河流域为试点流域，先行先试，并根据运行效果总结经验，逐步推广到全市范围。

李村河流域涉及青岛市内李沧区、市北区、崂山区三区，为破解现存市区两级和部门职权分割、跨行政区管理权责不清等问题，青岛市先后出台了《青岛市城市黑臭水体治理示范城市李村河流域厂-网-河一体化建设方案》《青岛市李村河流域"厂网河"一体化工作方案（试行）》，并组织编制了《李村河流域"厂、网、河"一体化运营模式专题研究报告》，专题研究李村河流域"厂-网-河"一体化建设。

#### （1）机制建设

青岛市明确由市黑臭水体治理工作领导小组（以下简称领导小组）作为李村河流域"厂-网-河"一体化统筹协调机构，负责统筹推进李村河流域"厂-网-河"一体化机制实施工作，负责李村河流域内厂网河各类设施管理维护工作的组织协调、督导调度、检查考核等工作，统筹整合流域内厂网河各要素资源，打破部门壁垒和层级界限，建立实施常态沟通机制、反馈交办机制、督促落实机制、情况通报机制等运行机制。

**图 4-18**
青岛市关于李村河流域"厂－网－河"一体化的相关文件

### （2）能力建设

推进李村河流域污水处理厂建设，实施了张村河水质净化厂工程（一期）、李村河污水处理厂改造提标及四期扩建工程，提高流域污水集中处理率。

开展河道综合治理，实施了李村河河道补（蓄）水及防洪调蓄、北宅街道张村河上游水环境整治工程、大村河中下游河道生态修复及补水工程等一系列河道治理工程，并利用污水厂再生水回补河道，提升河道水体自净能力。

加大排水管网建设力度，实施了李村河流域雨污分流（一期）工程排水管网改造项目、市区排水管网改造工程、市北区李村河张村河流域源头截污工程、李沧区李村河大村河流域源头截污工程等一系列管网建设工程，解决污水直排入河问题，清污分流，形成全覆盖、全收集、全处理的雨污水体系。

### （3）平台建设

青岛市海绵城市及排水监测系统以李村河流域143km²区域作为重点流域，通过布设214台在线监测设备，建立了李村河流域

"源头-过程-末端"全覆盖的在线监测体系，可动态化管理李村河流域污水处理厂、排水管网、河道的全过程及全要素，实现了李村河流域"厂-网-河"一体化、智慧化管理。

图 4-19
李村河河道补（蓄）水及防洪调蓄完工后现场

图 4-20
李村河流域雨污分流（一期）工程排水管网改造项目施工

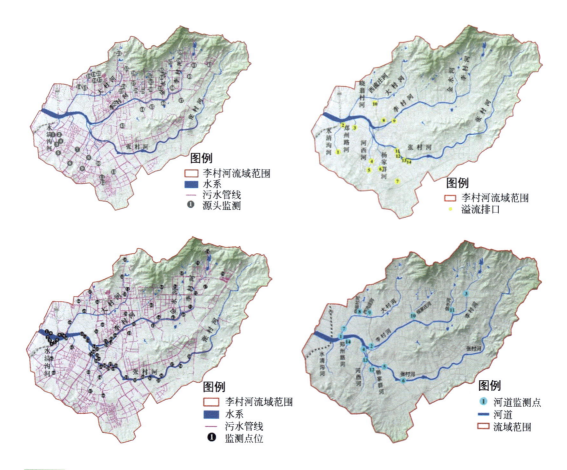

**图 4-21**
主要检测节点分布图

### 4.4.3.2 总结经验，全域推进

　　根据李村河流域"厂-网-河"一体化运行效果，青岛市总结经验，分时序、分步骤在全市范围内推进"厂-网-河"一体化工作。

　　为推进青岛市"厂-网-河"一体化工作建设，青岛市印发了《关于建立健全青岛市"厂-网-河"或"厂-网"一体化运维模式的指导意见（试行）》（以下简称《指导意见》），明确各区（市）"厂-网-河"一体化工作的工作目标、责任分工以及主要任务。市级排水主管部门牵头推进市南区、市北区、李沧区"厂-网-河"一体化运维工作，指导全市"厂-网-河"一体化运维工作；其他各区（市）"厂-网-河"运维工作由各区（市）辖区政府自行组织实施。《指导意见》还制定了"厂-网-河"一体化运维工作的目标：至2022年底前，应制定"厂-网-河"一体化运维工作具体实施方案；

至2023年底前，全市实现"厂-网-河"一体化运维模式的区（市）不低于50%；至2025年底前，力争全市基本实现"厂-网-河"一体化运维模式。

图 4-22

关于建立健全青岛市"厂－网－河"或"厂－网"一体化运维模式的指导意见（试行）的通知

## 4.4.4 全市统一共享的黑臭水体和排水监测管控平台建设示范

在吸取先进城市实践经验的基础上，青岛市结合实际需求，采用"监测一张网"的思路，构建全市统一共享的青岛市海绵城市及排水监测体系，形成以"源头-过程-末端"为指导，涵盖"源-网-站-厂-河"的分层分类精细化监测网络，综合运用云计算、大数据、地理信息系统、在线传感、物联网、互联网+、模型等先进技术和理念，兼顾海绵城市建设、污水处理提质增效等要素，为青岛市水环境系统综合评估及分析诊断提供长期、有效、准确的监测数据，动态监测水环境系统的运行状况及风险，实现城市水环境的"智慧管理"。

### 4.4.4.1 构建监测平台示范区

监测系统近期以李村河流域143km²区域作为重点流域，通过布设214台在线监测设备，建立一个"源头-过程-末端"全覆盖的区域在线监测示范体系，为实现李村河流域的长"制"久清提供技术支撑，同时为各区（市）建设区级监测系统提供案例和参考。

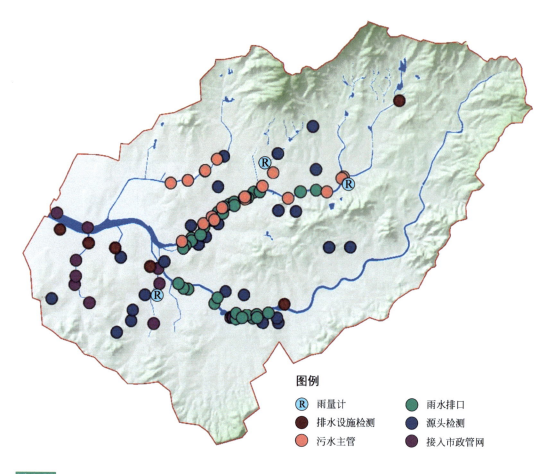

图例

- ⓇＲ 雨量计
- 🟢 雨水排口
- 🔴 排水设施检测
- 🔵 源头检测
- 🟠 污水主管
- 🟣 接入市政管网

**图 4-23**

李村河流域海绵城市及
排水监测点位分布图

### 4.4.4.2 搭建信息化管理平台

青岛市住房和城乡建设局、青岛市水务管理局及青岛市水务集团联合建设了青岛市海绵城市及排水监测系统智慧化监管中心，监管中心包括接待区、会议区、监控区等区域，可进行数据管理、运行调度等多项业务。

青岛市海绵城市及排水监测系统基于大数据、地理信息系统、在线传感、物联网、互联网+等先进技术，实现排水设施管理、工程动态管理、预警预报与应急管理、综合信息发布等功能，可为建设、水务、环保、城管等部门提供共享监测数据，提高管理部门的科学管理与决策水平，推进"水务智慧化"。

**图 4-24**

**智慧化监管中心**

### （1）排水监测

以实时监测数据为支撑，及时、定量发现排水管网、泵站、污水处理厂、排口、河道断面等存在的问题（如夜间偷排、雨污水混接等），提升城市管网运行效率，为"厂-网-河"一体化调度提供支撑。

### （2）监测预警

对区域内所有监测点位的实时数据进行全景展示与数据查询、分析等，能够快速锁定水情异常的监测点，便于实时了解水情数据，掌握水情变化规律。系统还支持科学决策，可以全面把握信息，传递信息，为相关部门的决策提供最重要的信息。

**图 4-25**

青岛市海绵城市及排
水监测系统监测预警
界面

## （3）防汛应急

防汛应急包括指挥调度、应急事故管理、应急资源和险情预案
模块。

**图 4-26**

青岛市海绵城市及排
水监测系统防汛应急
界面

## （4）基础信息

基础信息的管理，包含设备的信息管理、监测点的信息管理、
设施的信息管理、监测点与设备的关系、易涝点信息管理以及仓库
管理等内容。

**图 4-27**

青岛市海绵城市及排
水监测系统基础信息
界面

# 5

典型示范项目
案例

# 5.1 李村河下游生态治理

　　李村河为青岛市李村河流域的主干河流，李村河下游（入海口～重庆路段）为李沧区和市北区的分界，所处的区位和承担的功能都极为重要。在确保李村河防洪安全等功能要求的前提下，借鉴国内外生态治河的先进理念，并对李村河下游的景观与地域特色等进行了积极的探索，打造以亲水文化为主题，极具观赏性、参与性、娱乐性和体验性的滨水空间，建设以"都市水岸、绿韵岛城"为设计主题，以"三湖齐锦绣、五景映胶湾"为景观框架，营造连续的滨水景观长廊。

图 5-1
李村河下游在李村河
流域的位置

## 5.1.1 项目概况

　　李村河下游长约5.6km，河道蓝线宽度70 ～ 300m，绿线宽度

15 ～ 200m，设计范围分别为河道两岸铁路桥至入海口段，长约1.4km；河道右岸君峰路至周口路，长约2.3km；河道左岸两河交汇处至周口路，长约0.8km以及重庆路东西两侧岛屿，总面积约为39.6ha，设计主要包括绿化种植、硬质铺装、景观亮化等，在保护原有河道生态系统完整性的基础上，合理利用现状植物资源，充分发挥其生态功能和景观功能，尽量减少对环境的破坏。

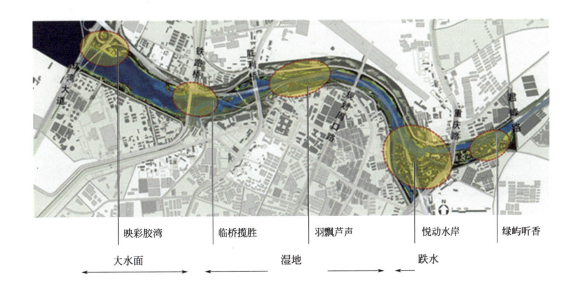

映彩胶湾　　临桥揽胜　　羽飘芦声　　悦动水岸　　绿屿听香

大水面　　　　　　湿地　　　　　　跌水

**图 5-2**
**李村河下游生态治理示意图**

### 5.1.2 现状问题分析

治理前，现状河道杂草丛生，李村河下游近入海口处橡胶坝以西常年为倒灌的海水浸泡，土壤趋于盐碱化，河道内景观较差；胜利桥附近河道内生长有大量的湿生及水生植物，具备一定的景观基础，但其余大部分地段无成片绿化，土壤裸露，河道周边多为步行道，河段缺少人行及活动空间等滨水景观。

此外，李村河上游来水稀少，缺乏其他水源补给，无法维持下游河道基本形态和生态功能，水体基本无流动，丧失自净能力，造成河流水环境容量降低、水体环境恶化等一系列生态环境问题。

**图 5-3**

**李村河下游治理前**

### 5.1.3　工程方案

结合李村河下游两侧用地性质分布特征及河道景观现状，通过在近入海口处设置1座挡潮闸、沿河设置2座橡胶坝、3座景观刚性坝和1座堰进行拦蓄水，形成入海口处气势磅礴的大水面、两河交汇处缤纷错落的岛屿溪流景观。

#### 5.1.3.1　景观工程

##### （1）环湾大道至铁路桥段

以营造大水面景观为主，设置4处景观节点，利用现有开阔地势，在现状河岸护堤内侧填土，恢复生态驳岸，蓄水后形成自然大水面。由于周边主要为工业厂房，景观效果不佳，沿线以大面积高大乔木带状种植为主，局部以点状绿地相结合的方式进行绿化遮挡，形成绿化掩映下的生态大水面景观效果。

　　李村河右岸设计时充分利用现状地势及开阔水面设置三处悬挑入水的观景平台，使其成为入海口处观景绝佳区域，主要树种有白蜡、雪松、黑松、黄金榆、小龙柏、连翘、大叶黄杨、金森女贞、阔叶麦冬等。

　　李村河左岸设计时以悬挑木栈道将河内岛屿相连，可以最大限度地接近水体，并将周边的绿化融入到水景环境中，为游人的活动和自然景观创造共融空间，采用水杉、杨树、银杏等乔木，形成绿化背景林以达到与南部工业厂房隔离的效果。

**图 5-4**
**观景平台剖面图**

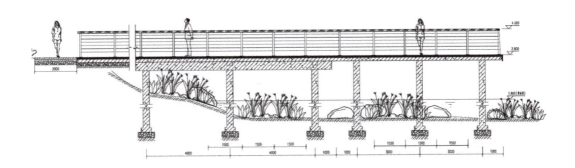

白蜡
雪松

乌桕
苦楝
垂丝海棠
黑松
黄金榆

日本晚樱
连翘
迎春

**图 5-5**
**绿化种植平面图**

### （2）周口路至君峰路段

　　重庆路、大桥接线均交汇于本段，设计总面积约为17ha。现状河床内水生植被多有覆盖，但杂草丛生。本段以营造湿地景观为主，通过在浅滩中种植水生植物，疏通河道、恢复生态环境，达到生态恢复与滨水休闲结合的目的。重庆路东西两侧岛屿在场地原有植被的基础上进行景观提升，塑造起伏地势，结合乔灌木、时令花卉、水生植物等营造绿洲景观空间。

① 对重庆路以东现状硬质滨河步道加以改造，以浅红色珍珠岩露骨料透水地坪作为园路的铺装材料，局部设置柳桉木防腐木亲水平台作为游人观景停驻点。绿化设计上通过配置银杏、海棠、红枫及各类色彩丰富的灌木球和地被模纹，同时点植造型黑松及景石，增强节点效果。

**图 5-6**

**亲水广场铺装平面图**

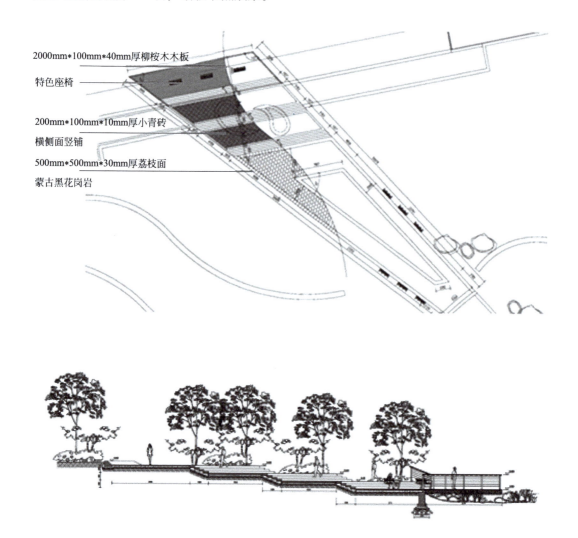

2000mm*100mm*40mm厚柳桉木木板

特色座椅

200mm*100mm*10mm厚小青砖
横侧面竖铺

500mm*500mm*30mm厚荔枝面
蒙古黑花岗岩

**图 5-7**

**亲水广场剖面图**

② 重庆路以西老年公寓前广场在尊重现状绿化的前提下，新植或补植常绿乔木、开花亚乔及地被层。以绿化组团的形式，结合游步道及集散广场系统，疏密有致地将不同的空间体验分布于道路两侧。

图 5-8

重庆路以西老年公寓岛入口设计效果图

### 5.1.3.2 拦蓄水工程

李村河下游设计分为蓄水段和湿地河段，湿地段蓄水较浅，设计考虑采用刚性拦水坝，而蓄水段水位较高，采用挡潮闸或橡胶坝进行拦蓄水。河底跌水处采用50cm厚格宾石笼网铺砌结构，并根据设计行洪能力、蓄水水位、景观要求等确定拦水坝的结构尺寸，坝体平面采用由多道薄壁堰以平面曲线和折线组成的构造形式，两道堰体间做景观绿化处理。

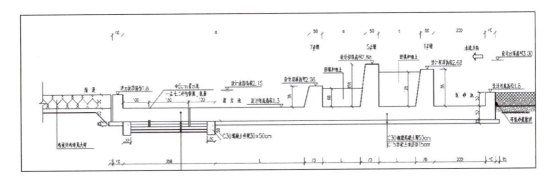

图 5-9

拦水坝纵断面图

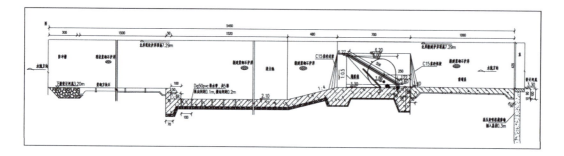

**图 5-10**

橡胶坝断面图

### 5.1.3.3 挡潮闸工程

在景观和拦蓄水工程的基础上，李村河入海口建设挡潮闸，有效地拦截了雨洪资源，增加河道蓄水量，形成水面景观的同时还能为沿河绿化提供浇灌水源，缓解城市用水紧张状况，形成蓄淡水 79 万 m³，蓄水深度 0.8 ~ 2.5m，回水长度 1200m，水面宽 220 ~ 385m，水面面积 35 万 m² 的城市水景长廊。

同时，挡潮闸还起到了良好的防潮挡浪效果，避免海水入侵，改善河道生态，为内河侧动植物的生长创造良好的淡水环境，并结合景观工程的建设，在蓄水区域建设生态湿地，有效地净化了河道水体。

**图 5-11**

李村河挡潮闸工程位置图

**张村河沿线截污工程**

为全面贯彻落实党的十八大、十九大关于加强生态文明建设工作部署和国务院《水污染防治行动计划》要求，以改善张村河流域水环境质量为核心，以控源截污、垃圾清理、清淤疏浚、生态修复为重点，以健全政策措施理顺体制机制为保障，按照"控源为本、截污优先，科学诊断、重在修复，建管并重、强化维护，综合施治、协同推进"的原则，明确责任，加大投入，全面统筹推进张村河流域水环境治理工作。

### 5.2.1　项目概况

张村河为李村河流域的一条主要干流，发源于崂山区北宅雾露顶和东南的莲花北山，流经洪园、沟崖，至北龙口，经南龙口，入中韩街道，经牟家、枯桃、张村，汇老鸦岭南侧及午山北流之水，经西甽入河东，向西北至阎家山汇入李村河，全长20.14km，平均宽度10～120m，流域面积66.60km²。张村河上游为山岭地带，下游为冲积平原，除汛期外，冬春季基本无水，为典型的季节性河流。

张村河沿线截污工程主要包括青岛市崂山区北宅街道农村污水收集及处理项目、张村河上游（枯桃-峪夼）污水干管工程、崂山区张村河截污口改造工程、张村河环境综合整治-截污口改造二期工程、市北区李村河、张村河流域水环境治理工程等。

### 5.2.2　现状问题分析

① 张村河沿线村庄群落较多，污水均采用散排、直排式合流制的排水体制，该排水体制相对较落后，无法适应日后社区发展的需求。

图例
- 张村河流域范围
- 张村河所属李村河流域范围
- 河道水系

**图 5-12**
**张村河流域位置图**

② 农村社区未设置污水处理站，污水直排，大量未经处理的污水直接排入社区周边地表水系，对周围水体造成不同程度污染。

③ 由于前期未编制社区排水工程专项规划，现有污水排水设施混乱，且无相应排水管网资料可查，为下一步排水管网改造和新建带来不便。

## 5.2.3 工程方案

### 5.2.3.1 青岛市崂山区北宅街道农村污水收集及处理项目

为提高农村地区污水收集与处理率，崂山区针对辖区内存在的农村地区，实施开展农村污水收集与处理工程，涉及北宅街道的峪夼社区、鸿园社区、东陈社区和沟崖社区。实施范围主要包括产生生活污水的农户、农家宴、办公楼等公共建筑范围，提高范围内生活污水的收集、输送与处理水平。主要工程内容如下。

**（1）服务人口**

本工程区域服务人口7763人，2239户。

### （2）建设内容

工程建设水处理规模共计1085m³/d，配套敷设DN160管网159771m，DN200管网30277m；建设分散式污水处理站10处，设计规模为1085m³/d；河道清淤70797m³。

### （3）农村生活污水收集与处理工艺

① 收集系统　通过敷设截污管道，将区域内的污水截流至区域内新建的污水管道中。收集对象主要为农户和农家宴饭店等。农户盥洗室和厨房污水直接通过污水管道收集；农家宴饭店厨房污水通过隔油池后，再排入污水管道；厕所污水均通过化粪池后再排入污水管道。生活污水统一至污水处理厂站，经处理达标后排放。

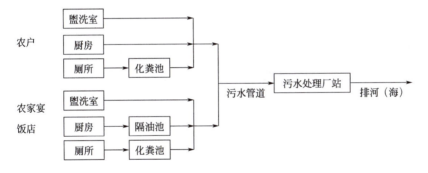

图 5-13
污水收集系统流程图

② 处理工艺　污水处理采用预处理+A²O+污泥处理的工艺，预处理段新建格栅井、调节池，A²O处理段采用一体化设备，污泥处理段新建污泥池，所采用设备及构筑物均采用地埋式。

污泥处理采用移动式污泥脱水车运送至就近污水厂进行干化脱水，处理后剩余污泥含水率小于60%，最终送至垃圾厂。

③ 设计进出水水质　进水水质参考国家相同城市雨污分流生活污水水质以及类似社区设计进水水质，污水处理模块设计进水水质如下：

表5-1　污水处理模块设计进水水质

| 序号 | 主要类型 | 标准数值 |
|---|---|---|
| 1 | $COD_{Cr}$ | ≤ 400mg/L |
| 2 | $BOD_5$ | ≤ 250mg/L |
| 3 | pH | 6 ~ 9 |
| 4 | SS | ≤ 200mg/L |
| 5 | TN | ≤ 40mg/L |
| 6 | $NH_3-N$ | ≤ 30mg/L |
| 7 | TP | ≤ 3.0mg/L |

处理标准执行《城镇污水处理厂污染物排放标准》（GB18918—2002）中一级A标准。

④ 污泥处理　每个污水处理站设置污泥储池，可储存每个站点一至两个月的污泥，污泥在其中厌氧发酵。农户可根据需求将污泥资源化利用，用以作为肥料浇灌农田，远期可用吸泥车统一运至较近污水处理厂进行统一的深度处理，形成含水率小于60%的泥饼，外运垃圾场统一处理。

### 5.2.3.2 张村河上游（枯桃 - 峪夼）污水干管工程

#### （1）项目概况

项目位于创智谷片区，目前，张村河河道内存在DN400 ~ DN600临时污水干管，该管道是为解决2014年青岛世园会及周边各地块排污问题建造的临时管道，已不符合当前环保政策要求，急需在河道外建设正式的污水干管，取代该临时污水干管，解决张村河沿线各企业、社区等污水出路问题。

#### （2）总体方案

① 污水干管沿张村河河道西岸现状道路（或民房拆迁后位置）敷设，尽量远离规划蓝线；由北向南接入枯桃社区附近的现状污水

干管，最终进入张村河污水处理厂。

② 污水管道位于河道西岸规划绿化带，片区按照规划建设时，可最大限度保留污水干管。

③ 为河道东岸预留过河污水支管，为规划地块及现状社区污水提供出路。

图 5-14
方案示意图

### （3）平面控制

平面位置：以规划河道蓝线为依据，污水管道严格控制在规划河道蓝线以外，并根据不同路段的实际情况，尽量向河道蓝线外侧偏移。工程分为4段，具体各段如下：

① 枯桃-李沙路段：为水库段，绿化带宽30m，污水管道位于规划绿化带内，距规划河道蓝线 10m，需拆迁部分民房；海大围墙东侧，距规划河道蓝线约3m。

② 李沙路-东八路段：规划绿化带宽10m，污水管道位于规划绿化带内，距规划河道蓝线约3～6m，局部需占用现状南王路。

③ 东八路-天水路段：规划绿化带宽10～50m，污水管道位于规划绿化带内，距规划河道蓝线约3m，部分路段需拆迁民房。

④ 天水路-峪岙段：规划绿化带宽10～20m，污水管道位于规划绿化带内，距规划河道蓝线约6m，部分路段需拆迁民房。

### （4）竖向控制

管道竖向：设计污水管道沿线需要穿过多个雨水暗渠或河道支流，需要为张村河东岸预留污水支管5处，设计污水管道整体埋深约3m，局部埋深5 ~ 7m。

### 5.2.3.3 崂山区张村河截污口改造工程

#### （1）截污口概况

张村河截污口共有16个，分布在张村河两岸，其中南岸6个，北岸10个，涉及李家下庄等14个村庄。截污口统计和分布如下：

表5-2　截污口统计表

| 排口编号 | 排河口位置 | 对应的社区 |
| --- | --- | --- |
| 11# | 深圳路桥南头西侧 | 车家下庄 |
| 16# | 青银桥东树林处 | 李家下庄 |
| 20# | 董家下庄漫水桥东 50m 原砖厂处 | 董家下庄 |
| 22# | 孙刘桥西"林林烧烤"处 | 孙家下庄 |
| 23# | 孙刘桥西"信宇木雕厂" | 孙家下庄 |
| 30# | 郑张桥东漫水桥西 100m 处 | 郑张 |
| 36# | 牟家村前 | 牟家村 |
| 46# | 郑张桥西侧 | 郑张、文张、张村 |
| 49# | 郑张村跌水坝西 200m | 南张村、郑张村 |
| 51# | 孙刘桥东 300m 大宇排水明沟 | 南张村、郑张村 |
| 61# | 张村河北岸，董家下庄漫水桥西侧 | 董家下庄、张家下庄 |
| 64# | 青银桥东侧 | 张家下庄 |
| 66# | 青银桥西、转水塔东 | 东韩 |
| 67# | 深圳路桥东侧 | 东韩 |

续表

| 排口编号 | 排河口位置 | 对应的社区 |
|---|---|---|
| 70# | 东韩小学步行桥西侧 | 东韩 |
| 75# | 株洲路海尔路交会处（株洲路明沟），靠近海尔工业园 | 中韩 |

图 5-15

排口分布图

## （2）截污口问题分析

对16个截污口存在的问题进行分析，如下表：

表5-3　截污口问题分析表

| 排口编号 | 排河口位置 | 存在问题 |
|---|---|---|
| 11# | 深圳路桥南头西侧 | 污水混接 |
| 16# | 青银桥东树林处 | 村内雨污混流，排水沟被占压，存在内涝风险，社区环境差 |
| 20# | 董家下庄漫水桥东 50m 原砖厂处 | |
| 22# | 孙刘桥西"林林烧烤"处 | |
| 23# | 孙刘桥西"信宇木雕厂" | |
| 30# | 郑张桥东漫水桥西 100m 处 | 雨污混流 |
| 36# | 牟家村前 | 污水直接入河 |

| 排口编号 | 排河口位置 | 存在问题 |
| --- | --- | --- |
| 46# | 郑张桥西侧 | 村内雨污混流，排水沟被占压，存在内涝风险，社区环境差 |
| 49# | 郑张村跌水坝西200m | 污染源已基本消除 |
| 51# | 孙刘桥东300m大宇排水明沟 | 村内雨污混流，存在内涝风险，社区环境差 |
| 61# | 张村河北岸，董家下庄漫水桥西侧 | 村内雨污水排入现状暗渠 |
| 64# | 青银桥东侧 | 村内雨污混流，排水沟被占压，社区环境差 |
| 66# | 青银桥西、转水塔东 | |
| 67# | 深圳路桥东侧 | |
| 70# | 东韩小学步行桥西侧 | |
| 75# | 株洲路海尔路交会处（株洲路明沟），靠近海尔工业园 | 污水管线失效，雨污混流 |

### （3）典型16#截污口改造方案

① 现状调查　位于李家下庄村内，为雨污混流，通过边沟-明渠-暗渠排水，晴天无水入河道，雨天溢流入河。排口汇水面积约18.9ha，旱季污水量约33.5L/s。

**图5-16**

**16# 截污口及李家下庄村内排水沟**

② 截污方案

污水系统：村内1.3m宽以上的道路上敷设污水管，在每户前预留检查井，将污水出户管接入污水井。污水管管径为DN200 ~ DN400，长度约6.5km。

**图 5-17**
**16# 截污口污水系统改造方案**

雨水系统：保留现状B×H=5.0m×2.5m边沟系统，长度约275m，土明沟修整为明渠。

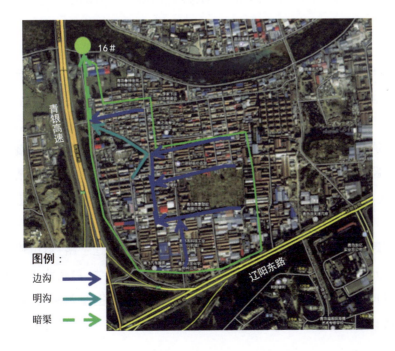

**图 5-18**
**16# 截污口雨水系统改造方案**

## 5.3　市区排水管网改造

　　针对排水管道出现的破损、堵塞和排水能力不足等问题，对青岛市市南区和市北区范围的老旧排水管网进行综合整治，以提高城市居民的生活水平和生活质量。市区排水管网改造工程主要包括污水管道翻建工程、雨水管道翻建工程、检查井翻建等，排水管道改造长度合计7913.05m，其中污水管道合计6570.74m，雨水管道合计1342.31m。

### 5.3.1　项目概况

　　近年来，市、区两级政府高度重视排水管网建设工作，相继加大投入力度，通过排水管网的持续建设，市内三区排水系统逐年完善，河道截污主干管全面贯通，污水收集能力不断提高。至2017年底，市内三区已建成需养护的排水管道总计3310km，其中雨水管线1493km，污水管线1817km。

　　针对排水管道出现的破损、堵塞和排水能力不足等问题，对青岛市市南区和市北区范围的老旧排水管网进行综合整治，以提高城市居民的生活水平和生活质量。

　　市南区：西陵峡路（红山峡路-巫峡路）、观海一路（分水岭-平原路）、观海二路（全路段）、观象一路（江苏路-平原路）、观象二路（观象山-东西快速路）、肥城路（泰安路-肥城支路）、福清路（上杭路-高雄路）、金湖路（金湖路8～12号）等8处管网改造。

　　市北区：大连路（东西快速路-临邑路）、黄台路（临邑路-登州路）、南昌支路（分水岭-南昌路）、松山路（辽宁路-泰山路）、兴元一路（宜昌路-兴德路）、台柳路（规划4号线-福州北路延长线）、嘉禾路（遵化路-宁化路）、郭口路（辽宁路-威海路）、姜沟路（平定路-郭口路）等9处管网改造。

### 5.3.2  现状问题分析

目前，市区排水管网现状存在的问题主要如下：

① 由于城市的快速发展和开发建设项目容积率的提高，污水量不断增加，部分污水管网敷设受拆迁、征地、片区改造、交通掘路等条件限制，未能得到提标改造，导致多年超负荷运行，出现排水冒溢现象。

② 城中村排水管网不完善，雨污水收集难度大，污水混流入雨水排口，进入河道，造成河道污染。

③ 老城区部分老旧楼院内管道老化、破损严重，造成污水冒溢，影响居民正常生活。

④ 沿街商铺、农贸市场、洗车场及建筑工地等污水暗插、乱排现象严重，造成雨污混流污染河道。

⑤ 部分单位偷排漏排，非法将污（废）水偷排入雨水管网或河道。

⑥ 部分小区住户擅自将住房阳台改为厨房或将洗衣机搬至阳台，利用阳台雨水立管排水从而使污水进入雨水系统。

### 5.3.3  工程方案

#### 5.3.3.1  改造内容及工程量

市区排水管网改造工程主要包括污水管道翻建工程、雨水管道翻建工程、检查井翻建等。排水管道改造长度合计7913.05m，其中污水管道合计6570.74m，雨水管道合计1342.31m。

（1）采用内衬修复：污水管道部分共5451.55m，管径为DN150 ~ DN600，雨水管道部分共872.58m，管径为DN300 ~ DN600。

（2）采用胀管修复：污水管道部分共905.05m，管径为DN200 ~ DN400，雨水管道部分共41.62m，管径为DN600。

（3）采用开挖掘路：污水管道部分，翻建污水管道约214.14m，管径为DN300。雨水管道部分约428.11m，管径为DN400。

（4）检查井改造共306处，雨水箅子改造共223处。

（5）路面临时恢复面积2824.50m²。

### 5.3.3.2 典型道路改造方案

以西陵峡路（红山峡路-巫峡路）为例，道路排水管网改造如下。

#### （1）道路概况

西陵峡路位于市南区，是市南区次干道路之一，整体呈东西向，全线均为现状道路。为2003 ~ 2004年前海截污改造工程时敷设的污水管道，道路2016年底刚整修。

图 5-19

现状道路

#### （2）排水现状

经现场实地调查，西陵峡路（红山峡路-青铜峡路）在距现状北侧道路路缘石约1.0m位置有D300（红山峡路-泵站）及DN500 ~ DN600（泵站-巫山峡路）污水管线。西陵峡路污水管线从东西向中部汇入西陵峡路泵站。

西陵峡路污水管线是市南区重要的截污管线之一，收集沿线居住区的生活污水并将其输送到污水泵站。经现场勘察，该管线使用年限已超二十年以上，管道为陶土管道已老化严重，局部管线破损，造成该路段排水不畅。低潮时污水渗漏，高潮时海水倒灌进入西陵峡路泵站，造成此泵站超负荷运行。海水倒灌同时对泵站下游的团岛污水处理厂内的菌群有很大的影响。

### （3）水量核算

根据水量核算，路段汇水水量为180.97L/s，具体核算如下：

表5-4　水量核算表

| 设计路段范围 | 路段汇水面积/ha | 每ha人数 | 汇流水量/(L/s) | 污水管道设计管径（最小坡度） | 污水管道管道过水能力/(L/s) | 排水走向 |
|---|---|---|---|---|---|---|
| 西陵峡路（红山峡路－西陵峡路泵站） | 8.6 | 500人 | 26.38 | DN300(0.3%) | 28.81 | 西陵峡路污水泵站 |
| 西陵峡路（西陵峡路泵站－青铜峡路） | 59.3 | 500人 | 154.59 | DN600(0.3%) | 257.06 | 西陵峡路污水泵站 |

### （4）设计方案

经现场管道实际CCTV内窥勘查，现状污水管道主要存在脱节、破裂、错口（2级以下）等问题。且通过水量核算，现状管径及坡度满足近期5～10年内排水需求。故可通过UV-CIPP紫外线光固化进行内衬修复。并对现状污水检查井及雨水箅子重新翻建，避免使用过程中海水沿检查井井壁倒灌。

西陵峡路（红山峡路-巫峡路）在距现状北侧道路路缘石约1.0m位置处采用管线内衬处理的施工方式进行污水管道改造，改造后污水管道最终接入西陵峡路泵站。DN300管内衬长约349.52m、DN500内衬管道长度约349.5m，DN600管内衬长约533.34m，污水检查井翻建37座，雨水箅子翻建49处。

**图 5-20**
**设计方案示意图**

# 5.4 重点排水口清污分流

针对李村河流域存在的14处重点排水暗渠进行清污分流，工程方案主要为：完善排水管网空白区、改造排水管网混错接、修复较严重管网缺陷以及解决污水管网高水位运行等问题。

## 5.4.1 项目概况

### 5.4.1.1 总体概况

目前，李村河流域存在14个重点排水口，具体统计如下表：

表5-5  14个重点排水口统计表

| 序号 | 排水口名称 |
| :---: | :---: |
| 1 | 唐河路四流路暗渠 |
| 2 | 郑州路河暗渠 |
| 3 | 水清沟四流路南丰路暗渠 |

| 序号 | 排水口名称 |
|:---:|:---:|
| 4 | 常德路暗渠 |
| 5 | 台柳路长沙路暗渠 |
| 6 | 同德路暗渠 |
| 7 | 同和路暗渠 |
| 8 | 神清宫路曲哥庄南侧暗渠 |
| 9 | 东南山暗渠 |
| 10 | 九水路君峰路东北侧暗渠 |
| 11 | 张村河南岸海尔工业园处涵洞 |
| 12 | 张村河（保张路西株洲路东暗渠） |
| 13 | 张村河（海尔路滁州路西侧涵洞） |
| 14 | 张村河海尔路五孔暗渠 |

根据各个排口特点，工程实施总体方案如下：

① 解决排查出的混接点源（含小区混接点）、支管暗接（雨污混接）；

② 针对结构性和功能性缺陷中的Ⅲ类、Ⅳ类缺陷进行修复和养护；

③ 解决污水管网高水位运行和向雨水口倾倒污水问题；

④ 临时截污措施。

### 5.4.1.2 方案类型

工程方案主要是针对14个排水口在上游范围内存在的排水管网问题进行改造。改造类型主要分为两类，一类为完善排水管网空白区，如李村河神清宫路曲哥庄南侧暗渠和东南山暗渠；另一类为改造排水管网混错接、修复Ⅲ类、Ⅳ类缺陷，解决污水管网高水位运行问题，如其他12处排水口。针对这两类排口，改造方案类型如下：

**（1）完善排水管网空白**

① 完善建筑物内部排水系统，从源头解决新建污水管道污水来源问题；

② 完善村中小巷、主路的排水管网，对现状混流边沟清淤后，改造为雨水渠使用；

③ 相关部门应加强宣传和执法力度，避免改造完成后，村内住户对排水管网私自改造及向雨水口或雨水边沟内倾倒污水；

④ 待上述问题完全解决后，现状管网末端的临时截留措施可以取消。

**（2）改造排水管网**

① 混错接点：工程主要解决市政路范围内的混错接点，小区内混接点由各区负责排查整治；

② 工业污水、工地污水：首先判断污水类型，若满足《污水排入城镇下水道水质标准》的直排入城镇污水管网，若不满足的，必须先进行预处理后达到相关标准后再排入污水管网；此外，在完成预留管道建设后，相关部门需对私排污水的工厂或工地进行执法查处，督促其完成内部排水管网建设。

③ 管网Ⅲ类、Ⅳ类缺陷：工程解决与黑臭水体密切相关的脱节、错口等缺陷，其余Ⅲ类、Ⅳ类缺陷由各区尽快实施修复，其余Ⅰ类、Ⅱ类缺陷可由各区结合城市道路维修列入整治计划；

④ 污水管网高水位运行：建议相关部门尽快立项实施污水提质增效行动，减小污水雨天冒溢风险；

⑤ 雨水口倾倒污水：相关部门应加强宣传和执法力度，避免混接点改造完成后，沿街商铺对排水管网私自改造或向雨水口或雨水边沟内倾倒污水；

⑥ 待上述问题完全解决后，现状管网末端的临时截留措施可以取消。

### 5.4.2 现状问题分析

目前，李村河流域存在14个重点排水口，经现场踏勘，大部分排口存在雨污混错接，造成污水入河，部分排口已做末端截污，但仍存在截污管道污水入河现象。部分排口上游排水管网不健全，存在管网空白区，且管道存在淤积破损等缺陷，需要同时进行修复。

### 5.4.3 工程方案

工程方案主要是针对14个重点排水口在上游范围内存在的排水管网问题进行改造。14个重点排水口工程实施方案如下：

**（1）唐河路四流路暗渠**

治理混接点源，修复开封路、鲁阳路、四流路以及洛阳路排水管道Ⅲ类、Ⅳ类结构性缺陷，清淤现状B×H=2500×1400暗渠。其余小区管网排查及混错接改造、排水管网的Ⅲ类、Ⅳ类缺陷修复。

**（2）郑州路河暗渠**

治理混接点源10处，城管部门执法查处1处混接点，3处排查后，确定改造方案，修复商水路DN400污水管道Ⅲ类、Ⅳ类结构性缺陷，清淤现状B×H=25000×1600暗渠。其余小区管网排查及混错接改造、排水管网的Ⅲ类、Ⅳ类缺陷修复。

**（3）水清沟四流路南丰路暗渠**

治理混接点源3处，修复南丰路DN600雨水管道Ⅲ类、Ⅳ类结构性缺陷，水清沟四流路南丰路暗渠片区内雨污水管线存在缺陷，主要集中在四流南路及南丰路上，以错口、脱节、破裂问题为主，需进行原位翻建。其余小区管网排查及混错接改造、排水管网的Ⅲ类、Ⅳ类缺陷修复。

### （4）常德路暗渠

治理混接点源6处，城管部门执法查处1处混接点，1处排查后，确定改造方案，修复暗渠范围内排水管道Ⅲ类、Ⅳ类结构性缺陷，清淤现状B×H=4000×1400暗渠。其余小区管网排查及混错接改造、排水管网的Ⅲ类、Ⅳ类缺陷修复。

### （5）台柳路长沙路暗渠

升级现状B×H=5000×1800截污设施，改为旋转堰门及限流器。并修复部分排水管网的Ⅲ类、Ⅳ类缺陷。

### （6）同德路暗渠

治理混接点源30处，清淤现状B×H=6000×1800暗渠、现状B×H=8000×1800暗渠。其余小区管网排查及混错接改造、排水管网的Ⅲ类、Ⅳ类缺陷修复。

### （7）同和路暗渠

治理混接点源43处。修复排水管网的Ⅲ类、Ⅳ类缺陷修复，此外还需由市北区督促周边地块进行分流改造。

### （8）神清宫曲哥庄南侧暗渠

对曲哥庄村进行雨污分流改造。

### （9）九水路君峰路东北侧暗渠

完善采石场片区、万年泉路80号院排水管网，在福临万家小区排水口末端增设智能雨污分流井。

### （10）东南山暗渠

完善东南山片区内部排水管网。

### （11）张村河南岸海尔工业园处涵洞

崂山区已经完成混接点改造，但因左岸风度小区内部改造排水管线实施难度大，在小区末端增设智能雨污分流井。

### （12）保张路西株洲路东暗渠

西韩新苑小区内部改造排水管线实施难度大，在小区末端增设智能雨污分流井。

### （13）海尔路滁州路西侧涵洞

崂山区已经完成混接点改造，但因竹韵山色小区内部改造排水管线实施难度大，在小区末端增设智能雨污分流井。

### （14）张村河海尔路五孔暗渠

崂山区已经完成混接点改造，但因采菊苑、开泰锦城、北村新苑以及东城国际小区内部改造排水管线实施难度大，在小区末端增设智能雨污分流井；同时为避免雨天混流污水大量进入张村河截污干管，在现状 B×H=5×4000×1800 暗渠现状截污管道增设限流器。

以李村河神清宫路曲哥庄南侧暗渠和台柳路长沙路暗渠为典型案例进行详细论述如下。

#### 5.4.3.1 李村河神清宫路曲哥庄南侧暗渠

改造思路：完善管网空白，原合流明沟改造为雨水渠，新建污水管道系统。

### （1）改造方案

① 曲哥庄村内新建 DN200 ~ DN300 污水管道，分段排入神清宫路或书院路现状污水主管。

② 在居民院落门口预留污水接口，居民院落内污水自行接出。

③ 沿街商铺设置污水接口，避免污水排入雨水管渠。

④ 村内原有明沟经清淤疏浚后作为雨水排放渠道使用。

⑤ 神清宫路原 600×700mm 截污渠道改造为雨水渠，末端接入雨水管。

⑥ 新建管道均采用开挖施工，部分胡同较窄的区域应采用人工开挖。

**图 5-21**

曲哥庄改造方案示意图

**（2）附属设施**

① 沿村庄内主要胡同敷设污水管道，坡度基本沿现状地面纵坡。考虑到部分胡同较窄，车辆无法进入，部分较窄的胡同采用HDPE塑料检查井，其余均采用钢筋混凝土预制检查井。

② 由于居民院落门口位置不定，为方便施工，缩短工期，DN225及DN160的污水管道均采用HDPE给水实壁管，PE100级，PN10MPa，热熔接口。DN300污水管道采用HDPE缠绕结构壁管，环刚度8kN/m²，承插橡胶圈接口。DN1000雨水管采用Ⅱ级钢筋混凝土管，承插接口。

③ 村庄内不走车的小胡同内井盖采用C250预制钢筋混凝土井盖，走车的主要胡同均采用DN400球墨铸铁管井盖。

### 5.4.3.2 台柳路长沙路暗渠

该区域为雨污分流区，存在污水混接接入雨水系统情况，存在19处混接点，主要为污水错接排入市政雨水管道。

**（1）混接点改造方案。**

**表5-6  混接点改造方案表**

| 序号 | 混接点编号 | 混接来源 | 混接原因 | 改造方案 |
|------|------------|----------|----------|----------|
| 1 | AYS16733 | 污水 | 东侧昕苑丽都小区排出 | 区负责督促小区内部改造 |
| 2 | AYS17034 | 生活污水 | 东侧金盾加油站排出 | 区负责督促地块内部改造 |
| 3 | AYS16298 | 生活污水 | 井盖未打开，无法溯源 | — |
| 4 | AYS16290 | 生活污水 | 东侧城建鼎城小区排出 | 区负责督促地块内部改造 |
| 5 | AAQ1472 | 生活污水 | 无法看到上游接口 | — |
| 6 | AAQ1466 | 生活污水 | 福州路污水接入暗渠 | — |
| 7 | AYS16739 | 生活污水 | 怀安苑小区21号楼污水接入市政雨水管 | 已整治 |
| 8 | AYS17598 | 生活污水 | 保利叶公馆B区1栋 | 区负责督促地块内部改造 |
| 9 | AYS17866 | 生活污水 | 台柳路污水管道直接接入雨水管 | — |
| 10 | AYS17863 | 生活污水 | AYS17866造成 | — |
| 11 | AYS16245 | 生活污水 | 车管业务大厅污水接入市政雨水管 | 区负责督促地块内部改造 |
| 12 | AWS18242-Y | 生活污水 | 污水接入雨水管 | — |
| 13 | AYS17320 | 生活污水 | 海丽达万科城幼儿园污水接入雨水管 | 区负责督促地块内部改造 |
| 14 | AYS16750 | 生活污水 | 西侧新增一管道与图纸不符，且有流水，井口也接入一段管子 | — |
| 15 | AYS17623 | | 车流量大，无法开井盖溯源调查 | |

续表

| 序号 | 混接点编号 | 混接来源 | 混接原因 | 改造方案 |
|---|---|---|---|---|
| 16 | AYS17624 | | 车流量大，无法开井盖溯源调查 | |
| 17 | AYS16554 | | 车流量大，无法开井盖溯源调查 | |
| 18 | AYS16687 | | 车流量大，无法开井盖溯源调查 | |
| 19 | AYS16631 | | 车流量大，无法开井盖溯源调查 | |

### （2）莱钢立交污水管道改造方案

根据现场调查，福州路两侧现状管线受标高、下游管道不通畅影响，只能接入黑龙江路现状雨水暗渠。

经过现场调查，周边现状排水系统如下图，由排水工区负责实施整改。

图 5-22

黑龙江路南侧辅路现状

### （3）对其余排水管网Ⅲ类、Ⅳ类结构性缺陷整治

### （4）对存在混接的小区内部进行排查，彻底解决混接问题

### （5）执法部门加大执法力度，避免沿街商户向雨水口倾倒污水

图 5-23
福州路现状排水系统图

# 5.5 污水处理厂再生利用

为实现李村河流域长效化、高标准生态补水，加强再生水回用，将李村河流域打造成"常年有水、水清岸绿"的生态景观廊道，青岛市实施了李村河污水处理厂改造提标及四期扩建工程及张村河水质净化厂一期工程。工程建成后，污水厂尾水排入李村河作为常态化补水，进一步改善了李村河流域水生态环境。

## 5.5.1 项目概况

李村河污水处理厂改造提标及四期扩建工程位于青岛市市北区环湾大道与规划长沙路交口，现李村河污水处理厂南侧，服务区域涵盖青岛市市北区、李沧区、崂山区，工程采用半地下建设方式，总用地面积约4.88万m²。李村河污水处理厂改造提标及四期扩建工程提标改造规模为25万m³/d，扩建规模为5万m³/d，李村河污水处理厂总处理规模达到30万m³/d。

**图5-24**

**李村河污水处理厂**

张村河水质净化厂一期工程位于青岛市崂山区青银高速以西、张村河北侧，服务区域涵盖崂山区科技城高科园和枯桃片区、科技

城张村河居住区和科技城拓展区，采用全地下形式，设计规模为4
万m³/d。

图 5-25
张村河水质净化厂一
期工程补水点

## 5.5.2 现状问题分析

李村河污水系统包含李村河和张村河污水系统，覆盖市北区、
李沧区和崂山区，随着青岛市的经济发展，李村河流域污水量快
速增长。李村河污水处理厂原处理总规模25万m³/d，日平均处理
量已超过25万m³/d，不能满足李村河流域日益增长的污水量处理
需求。

此外，李村河流域内河道清洁水源补给主要为地下水渗入及降
水，导致部分河道旱天缺少足够的清洁水源补给，无法维持河流基
本形态和生态功能，水体基本无流动，水体丧失自净能力，造成河
流水环境容量降低、水体环境恶化等一系列生态环境问题。

为提高整个李村河流域污水处理能力，同时为进一步改善李村
河流域水生态环境，青岛市实施了李村河污水处理厂改造提标及四
期扩建工程、张村河水质净化厂一期工程。

## 5.5.3 工程方案

### 5.5.3.1 李村河污水处理厂改造提标及四期扩建工程

为解决李村河流域日益增长的污水量处理需求，李村河污水处理厂设计规模由原25万 $m^3/d$ 扩建至30万 $m^3/d$，同时，根据李村河流域水体环境综合整治及排放的要求，对李村河污水处理厂进行提标改造。

**（1）主要工程内容**

① 提标改造　根据李村河流域水体环境综合整治及排放的要求，对现有污水厂进行提标改造，出水水质由《城镇污水处理厂污染物排放标准》（GB 18918—2002）一级A标准提升至类Ⅳ类水标准。

表5-7　提标后主要进、出水水质指标及处理程度表

| 参数 | BOD$_5$ | COD | SS | NH$_3$-N | TN | TP |
|---|---|---|---|---|---|---|
| 进水水质/(mg/L) | 430 | 900 | 750 | 58 | 80 | 13 |
| 出水水质/(mg/L) | ≤ 6 | ≤ 30 | ≤ 10 | ≤ 1.5 | ≤ 15 | ≤ 0.3 |
| 去除率/% | ≥ 98.6 | ≥ 96.7 | ≥ 98.7 | ≥ 97.4 | ≥ 81.3 | ≥ 97.7 |

② 扩建工程　根据水量增长情况及相关规划扩建污水厂，新增规模5万 $m^3/d$。

③ 排口整治　根据李村河流域水体环境综合整治及相关规划的要求，尾水排放口由胶州湾调至李村河河道挡潮闸以上。

### （2）工程技术方案

① 提标改造方案为原 25 万 m³/d 规模处理部分与扩建部分一同考虑，增加处理构筑物以保证氨氮等指标稳定达标，深度处理部分增加气浮工艺段。

② 扩建方案为新建 5 万 m³/d 的预处理及生物处理构筑物。

③ 共 30 万 m³/d 出水进入臭氧氧化/加氯消毒接触池后，再经排放泵站提升后排至李村河河道。

④ 配套建设污泥处理构筑物。

图 5-26

李村河污水处理厂提标改造及扩建工程方案

### （3）选用工艺

① 预处理工艺：扩建部分采用粗格栅进水泵房+细格栅+曝气沉砂除油沉淀池+膜格栅。

② 污水处理工艺：扩建部分采用 MBR（A/A/O+MBR）；提标部分采用原生物处理部分减量扩容以增加停留时间（扩容与扩建统一考虑，采用 A/A/O+MBR）+高速气浮。

③ 难降解 COD 去除及脱色工艺：采用臭氧氧化工艺。

④ 消毒工艺：采用次氯酸钠消毒。

⑤ 除臭工艺：采用全过程除臭工艺及生物除臭。

⑥ 污泥处理工艺：机械浓缩+板框脱水。

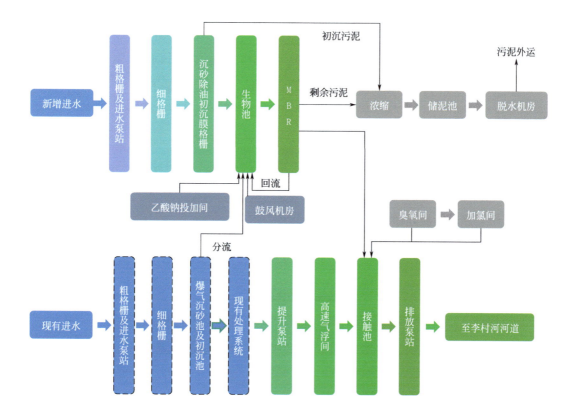

**图 5-27**

**提标改造及扩建工艺流程**

### 5.5.3.2 张村河水质净化厂一期工程

为解决李村河流域日益增长的污水量处理需求，同时补充张村河生态用水，青岛市实施了张村河水质净化厂一期工程。

**（1）主要工程内容**

张村河水质净化厂一期工程设计规模为 4 万 m³/d，尾水排入张村河用于河道补水，出水水质满足《城镇污水处理厂污染物排放标准》中的一级 A 标准、《城市污水再生利用景观环境用水水质》中的娱乐性景观环境用水标准以及《青岛市环境保护局关于明确 2015 年省控河流断面水质改善目标的函》中相关要求。

**表5-8 张村河水质净化厂一期工程主要进、出水水质指标及处理程度表**

| 参数 | BOD$_5$ | COD | SS | NH$_3$-N | TN | TP |
|---|---|---|---|---|---|---|
| 进水水质 /(mg/L) | 360 | 800 | 650 | 50 | 65 | 8 |
| 出水水质 /(mg/L) | ≤ 6 | ≤ 40 | ≤ 10 | ≤ 2 | ≤ 15 | ≤ 0.5 |
| 去除率 /% | ≥ 98.6 | ≥ 95 | ≥ 97.5 | ≥ 96 | ≥ 76.9 | ≥ 93.8 |

### （2）工艺流程

为最大限度发挥土地利用率，张村河水质净化厂一期工程采用集约化布置的 MBR 工艺，采用次氯酸钠消毒方式，工艺流程为"粗格栅＋细格栅＋曝气除油除砂沉淀池+A$^2$O-超细格栅+MBR池+紫外消毒＋次氯酸钠消毒池＋提升泵房"。污泥采用机械脱水的处理方式，脱水后污泥外运交由政府统一处理。

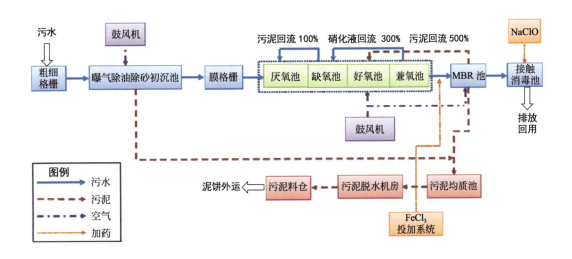

图 5-28
工艺流程图

# 5.6 源头海绵城市建设

海绵城市是指通过加强城市规划建设管理，充分发挥建筑、道路和绿地、水系等生态系统对雨水的吸纳、蓄渗和缓释作用，有效控制雨水径流，实现自然积存、自然渗透、自然净化的城市发展理念。

海绵城市建设强调系统性和整体性，通过系统性建设项目实现海绵城市对源头目标的控制要求。青岛市海绵城市项目建设主要包括公共建筑与居住小区、公园与绿地、道路与广场、管网建设、内涝治理、防洪工程、水系与生态工程等七种类型，这些项目对汇水分区内的海绵城市建设提供了支撑和保证。

## 5.6.1 项目概况

**图 5-29**

**试点区域汇水分区**

2016年4月，青岛市成为国家第二批海绵城市建设试点城市，按照问题导向原则，青岛市将国家海绵城市建设试点区选择在李沧区西北部，该区域既是老工业区改造、城中村改造、老城区改造等多重建设任务汇集的老城更新重点区域，又是兼具北方山地、丘陵、平原、海滨等地形的北方海滨丘陵特色代表地区。

根据《青岛市海绵城市试点区系统化实施方案》，试点区共划分为3个流域汇水系统，海绵城市建设项目共计190项。3个流域汇水系统分别为：楼山河汇水系统、板桥坊河汇水系统和大村河汇水系统。

### 5.6.2 现状问题分析

青岛市海绵城市建设前存在的问题主要有以下方面。

#### （1）现状径流控制率低

随着城市的开发建设，不透水地面比例的增加，使得年径流总量控制率减小。在传统开发模式下，径流总量控制率不到50%，距离75%的径流控制率目标相差较大，各管控分区均无法满足控制要求。

#### （2）面源污染控制欠缺

现状缺少相关措施对地表径流面源污染进行控制，降雨冲刷直接将地面污染带入受纳水体，对水环境造成了巨大影响。

#### （3）防洪排涝体系不健全

城市防洪排涝体系不健全，市区仍存在多处积水点，现状部分河道不满足防洪设计要求，淤积严重，影响现有防洪能力。同时，随着城市的开发建设，很多季节性河流被改为暗渠或填埋，造成雨季排水不畅，排水泄洪能力不足。

#### （4）城市水生态功能削弱

城市开发建设和城市空间蔓延，引发景观格局破碎化、生物多样性降低等生态环境问题，生态与资源环境维护压力日益增大。中心城区内尚有约35%的河道存在河道硬质化，渠道化问题，同时城市内部使得河道平常基本没有径流量，生态系统脆弱，生物多样性单一，缺乏自然生态体现。

### 5.6.3 工程方案

#### 5.6.3.1 御景山庄建设工程

#### （1）项目位置

御景山庄位于青岛市李沧区唐山路37号，东侧靠近重庆路，南侧靠近唐山路，西侧紧邻翠湖小区，占地面积约11ha。该项目位于板桥坊流域7号汇水分区内，处于试点区西部。

**图 5-30**
**御景山庄位置图**

### （2）现状雨水排水情况

御景山庄内部排水系统总体流向为自北向南、自东向西，内部管径主要为DN200～DN400，排水出路主要有两处，分别为西门排水出路（排水接入点1）和东门排水出路（排水接入点2）。西门排水出路小区内排水管管径为DN300，排入唐山路DN600现状雨水管；东门排水出路小区内排水管管径为DN400，排入唐山路DN500现状起始雨水管。唐山路排水自东向西至永平路，在永平路处接入板桥坊河，板桥坊河向西最终流入胶州湾。

### （3）现状存在的主要问题

御景山庄住房由商品房、回迁房和安置房三部分组成，属中高强度开发小区。小区存在主要问题有以下几点：

① 小区南北高差较大，地表径流较快，地势低的地方极易造成积水；

② 小区内部雨污水管网和检查井老旧失修，淤积堵塞；

③ 小区内无统一的物业管理，私搭乱建和绿化地圈地现象严重，地被层缺失，地面铺装破损和裸土严重；

④ 小区内缺少居民健身和休闲等娱乐活动空间。

### （4）海绵城市建设思路

御景山庄海绵城市建设以问题为导向，着重解决现状存在的问题，统筹源头减排、过程控制、系统治理各环节，因地制宜解决小区内部问题。

① 通过建筑物雨水管断接，将屋面雨水导入建筑物前后的植草沟内，通过植草沟汇入雨水花园内，延缓地表雨水径流；

② 清通和修复小区内部破损的雨水管网及检查井，保证排水的畅通；

③ 拆除违法乱搭乱建，裸露的土地改造为雨水花园和下凹式绿地等，路面及人行道进行改造修复，增加透水铺装比例；

④ 根据地势条件，建设阶梯形式的雨水景观水池，在雨水排水末端新建调蓄水池，蓄水用于绿化浇灌和景观水，促进雨水资源化利用；

⑤ 改造原破旧的小区广场，集健身、休闲、娱乐为一体的透水性的小区生活广场，增加居民的活动空间。

### （5）海绵城市建设措施及雨水径流路径

御景山庄采取的海绵措施主要有：雨水立管断接、植草沟、雨水花园、下凹式绿地、透水铺装、调蓄池等，通过这些海绵措施的建设，御景山庄新的雨水径流路径为以下：

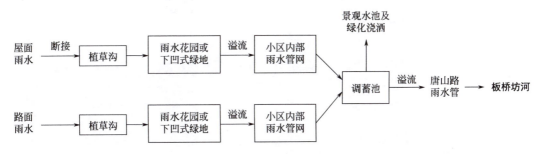

**图5-31**

**御景山庄雨水径流组织路径**

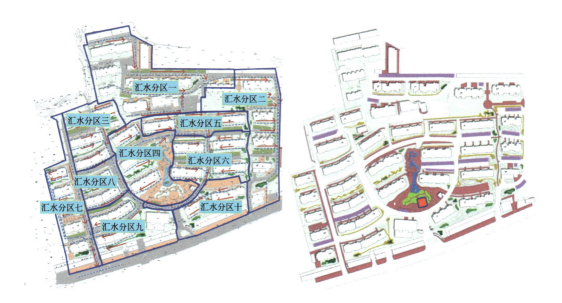

**图 5-32**

御景山庄径流分区及
海绵设施分布

**（6）海绵城市建设效果**

① 海绵城市建设后，年径流总量控制率和SS总控制率均满足指标控制要求，减少了雨水外排量。

② 海绵城市建设后，提升了小区环境质量，增加了居民的活动空间，还居民一片绿色家园，实现了绿色生态的发展理念。

**图 5-33**
御景山庄海绵城市建
设前

**图 5-34**
御景山庄海绵城市建
设后

### 5.6.3.2 翠湖小区建设工程

#### （1）项目位置

翠湖小区位于李沧区永平路与唐山路交汇处，总用地约

27.3ha，主要包含翠湖小区一期、二期及西区。翠湖小区位于御景山庄西部，也属于板桥坊流域7号汇水分区。

图 5-35
**翠湖小区位置**

### （2）现状雨水排水情况

翠湖小区内部排水系统总体流向为自北向南，内部管径主要为DN200 ～ DN1500。北部片区雨水通过管网排至北湖；中部片区雨水通过管网排至南湖，北湖和南湖通过DN1200的管道连通，南湖通过DN1500的溢流管流入唐山路4.0×1.5m的箱涵；南部片区雨水通过管网分散排入唐山路DN1000的雨水管，下游接入4.0×1.5m的箱涵；西部片区雨水通过管网排入永平路DN400的雨水管。所有雨水在唐山路永平路路口交汇，通过4.0×1.5m的箱涵，沿永平路向南汇入板桥坊河，最终流入胶州湾。

### （3）现状存在的主要问题

翠湖小区为村庄拆迁安置房，共有107个楼座，351个单元，5031户。海绵城市建设前存在的问题主要有：

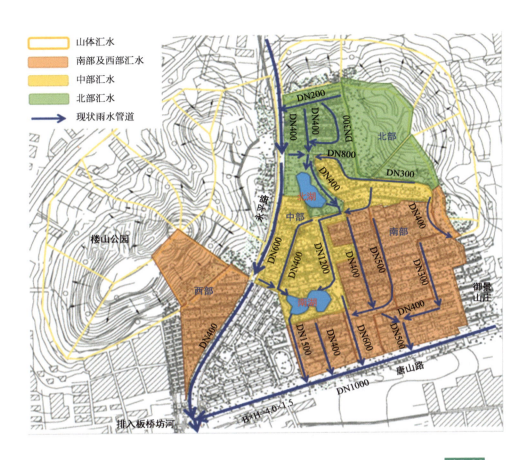

图 5-36

翠湖小区现
状雨水排水
系统

　　① 地形高差大，特别是宅间南向绿地，很多未有任何护坡措施，水土流失特别严重；

　　② 宅间铺装多为混凝土等不透水铺装，前期经过多次开挖，铺装已破损严重；

　　③ 部分排水设施破损，检查井塌陷，排水不畅；

　　④ 部分社区台阶缺乏扶手等安全设施，内部缺少户外照明等环境设施。

### （4）海绵城市建设思路

　　针对社区存在的主要问题，结合居民诉求，按照"海绵城市建设与社区建设相结合"的设计思路，在达到海绵城市建设规划指标的同时，改善社区环境，提高居民的生活质量。

　　① 在楼间高差大的宅间绿地增设挡墙护坡，或杉木桩、仿木桩护坡；采用雨水立管断接方式，将屋面雨水引入绿地，减少雨水

径流；增设植草沟、下凹绿地、雨水花园等海绵设施，延缓地表径流，降低雨水冲刷，减少水土流失；

② 更换透水砖铺装，提高雨水下渗功能，减少地表径流；

③ 检修更换部分雨污水管道，确保排水通畅；

④ 增设台阶扶手等安全设施，增设宅间照明设施等。

同时，充分利用区内两个湖的蓄滞功能，提高防洪排涝标准。

### （5）海绵城市建设措施及雨水径流路径

翠湖小区采取的海绵措施主要有：雨水立管断接、植草沟、雨水花园、下凹式绿地、透水铺装等，通过这些海绵措施的建设，翠湖小区新的雨水径流路径如下。

**图 5-37**
翠湖小区雨水径流组织路径

### （6）海绵城市建设效果

① 海绵城市建设后，年径流总量控制率和SS总控制率均满足指标控制要求，减少了雨水外排量。

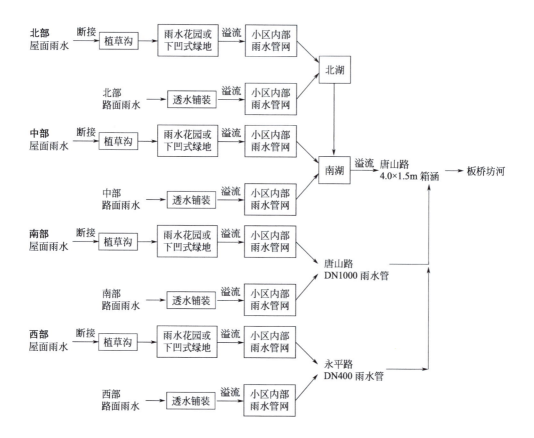

普通绿地
下沉绿地
雨水花园
植草沟
石材铺装
透水砖
透水混凝土
沥青路面

分区1

②　海绵城市建设后，提升了小区环境质量，还居民一片绿色家园，实现了绿色生态的发展理念。

**图5-38**
**翠湖小区内部海绵设施分布及径流示意**

湖边小花园改造前　　　　湖边小花园改造后

103号楼北侧绿地改造前　　　　103号楼北侧绿地改造后

**图5-39**
**翠湖小区海绵城市建设效果图**

### 5.6.3.3 楼山公园改造工程

#### （1）项目位置

楼山公园临近四流北路和永平路，北靠楼山后工业区，西侧为厂房工业用地，南侧为北山村，东侧为翠湖小区，公园占地面积为26.69hm²。楼山公园属于板桥坊河流域7号汇水分区。

**图 5-40**

**楼山公园位置**

#### （2）现状雨水排水情况

楼山公园现状沿环山路一侧有排水明沟，园区内围墙均设有排水口。园区山体排水主要依靠地表径流，雨水自上而下至排水明沟后，汇至桥涵，继而排入山下四流北路，永平路市政管网，汇入板桥坊河，最终流入胶州湾。

#### （3）现状存在的主要问题

楼山公园改造前存在生态系统脆弱，公园设施不健全，地被裸漏，水土流失，围墙冲刷等问题。

### （4）海绵城市建设思路

① 保留环山消防车道，对通道下面的冲沟进行生态改造，使雨水在传输过程中兼具下渗和净化功能；

② 根据山体地势条件，新建山体植草沟排水系统和梯田式层级排水系统，在地势低点设雨水花园、雨水塘等海绵设施，滞留雨水，起到调蓄和削峰的作用，降低下游周边地区的洪涝风险；

③ 公园广场及步行道采用透水铺装，促进雨水下渗，降低地表径流。

### （5）海绵城市建设措施及雨水径流路径

根据楼山公园地势条件，将山体划分为8个汇水分区，每个分区根据地形、景观需求、游客活动需求、现状排水冲沟等因素，因地制宜设置透水铺装、生态草沟、台地花田、雨水花园、雨水塘等海绵措施。

雨水径流组织路径如下：

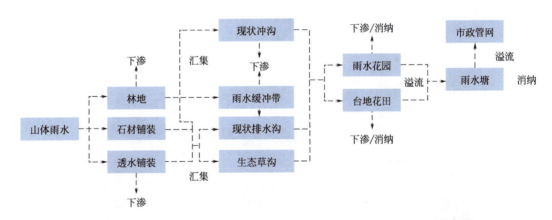

图 5-41

**楼山公园地表雨水径流组织路径**

### （6）海绵城市建设效果

楼山公园整治完成后，收到了良好的生活效益和社会效益，整体环境让人耳目一新，到此休闲活动的居民明显增加，得到了良好的社会反响。

改造前园路

改造后木栈道透水铺装

冲沟周边改造后

改造后透水铺装场地

改造后石板透水铺装

改造前冲沟

改造前空地

改造前消防环路

**图5-42** 楼山公园海绵城市建设效果